다시 태어난 청계천 清溪川

역사와 환경도시의 부활 서울의 도전

박찬필 저

기문당

차 례

복원 전의 청계천
하천은 복개되고 그 위에 고가도로가 서 있었다.

복원된 청계천의 출발점
여기서부터 약 6km에 걸쳐 청계천의 흐름이 시작한다.

역사적 유산의 다리가 복원되었다.
돌의 문화를 느끼게 하는 조형이 전개되고 있다.

자연과 다리의 대비는 즐거운 공간을 연출하고 있다.
청계천을 잇는 차도 및 보도의 22개의 다리는 단조로운 하천에 변화를 주고 있다.

시민에게 새로운 휴식의 장소를 제공하고 있다.
다양한 장소가 청계천을 찾아온 사람들에게 생각도해보지 않았던 즐거움을 제공하고 있다.

나무나 풀이 무성하여 새로운 자연이 출현했다.
인공과 자연의 교묘한 융합이 새로운 자연환경을 만들어내고 있다.

과거의 기억과 새로운 자연의 창출
기억을 계승하면서도 새로운 환경이 형성되어 간다.

강력한 자연의 회복력으로 환경도시의 부활
양호한 자연환경이 이루어지고 역사환경도시로 다시 태어나기 시작했다.

청계천의 최종지점
풍부한 자연을 형성하면서 한강으로 흘러간다.

다시 태어난 청계천 淸溪川

역사와 환경도시의 부활 서울의 도전

서울의 도전

청계천은 예전에는 물가에 풀이 우거지고 곤충이 날아다니고 수중에는 물고기가 생식하였던 맑은 하천이었다. 그러나 어느덧 물가는 콘크리트로 갇히고 청류淸流는 오수로 바뀌어서 점차 하수도가 되어버림으로써 결국은 지하배수로로 갇혀버렸다. 경제성을 추구해 편리성과 효율을 중시한 결과였다. 이로 인해 우리는 조금 남겨진 도시의 자연을 상실했다.

최근에 이러한 콘크리트에 의한 지하배수로를 없애고 여울이나 하천을 복원하여 수변 본래의 모습을 되찾는 광경을 각지에서 볼 수 있다. 환경의 회복이나 친수親水, 경관을 목적으로 한 수변의 재생에 대한 기대가 주목되고 있다. 이러한 사례 중에서 가장 극적인 복원으로 도시의 가치를 높였다고 평가되고 있는 곳이 대한민국의 수도 서울의 청계천이다.

대한민국은 지리적으로 나라 전체가 큰 반도이며 전 국토의 70%가 산으로 구성되어 있어 예부터 해변이나 하천을 중심으로 한 장소에 도시가 형성되어 왔다. 그 항만도시와 하천유역 도시는 현재까지 긴 역사를 거치는 동안 변용하면서 계승되어 왔다. 600년 이상의 역사를 가지고 있는 하천 도시의 서울도 그 하나이지만, 근대에 들어서면서 급격하게 변화해 왔다.

서울 구시가의 중심부를 동서로 흐르고 있는 청계천은 조선왕조의 도시 성립의 중요한 요소 중 하나였다. 그러나 그 역사는 1970년대에 들어서면서 그 맥이 끊어져 버렸다. 경제성장에 수반하는 교통수단으로서 하천 위를 콘크리트로 덮어서 도로를 만들고 그 위에 고가도로를 건설했기 때문이다. 이것이 청계천 고가도로이다. 그것은 일본 도쿄의 수도고속도로를 표본으로 계획된 대한민국의 고도성장의 심벌이었다. 당시의 서울은 도쿄의 모습을 보고 성장했기 때문이었다. 청계천 복개도로는 서울의 간선도로가 되고 그 결과 도로 아래의 하천은 하수도가 되어 버렸던 것이다.

고속도로와 복개도로가 철거되고 푸른 하늘이 나타났다.

청계천은 2003년 7월에 5.84km의 고가도로와 복개도로의 철거에 착수하여 약 8km에 이르는 청계천의 정비가 빠르게 진행되었고, 착공 후 불과 2년 3개월째인 2005년 10월에 그 이름에 어울리는 청류로서 부활하게 되었다.

산더미처럼 남아 있는 문제

2년 3개월은 놀랄 만한 속도이지만, 그렇다고 하여 문제가 전혀 없었던 것은 아니다. 지금까지 하루에 17만대가 통과하고 있던 교통량을 어떻게 처리할 것인가. 주변의 도로가 그 역할을 담당하게 할 수밖에 없었지만 차량정체는 큰 과제였으며, 또 하나는 도로를 점거하고 있던 다수 노점상의 존재이다. 시민의 80%가 청계천 복원에 찬성하는 한편 노점상의 대부분은 맹렬하게 반대했기 때문이다. 노점상의 대책으로는 대상자에게 경제 지원을 하는 것과 동시에 노점의 상당수가 동대문운동장 축구장에 옮겨짐으로써 약 500점포가 북적거리는 일대 포장마차 마을을 형성하게 되었다.

그런데 최대의 문제가 물이었다. 종래의 지하배수로 안을 흐르고 있던 오수는 처리장을 정비하는 것으로 해결했지만 복원하는 하천으로 들어가는 중요한 물이 없었던 것이다. 1970년대 이후 주변 지류의 지하배수로의 매립이 진행되었기 때문에 청계천에 흘러드는 물의 유량은 극히 적었다. 복원 후의 청계천에 약 40cm의 수위를 유지하기 위해서 하루에 12만 톤의 물을 지하수나 하류의 한강 물을 정화해서 펌프로 물을 끌어올려 흘리기로 했다. 이렇게 해서 지금은 물고기나 물새를 볼 수 있는 풍부한 청류가 부활한 것이다.

노점상들 중에는 본래와 같이 청계천으로 돌아오고 싶은 사람이 있는 것은 사실이지만 이 청계천복원사업을 좋게 평가하는 사람도 많다. 고가도로가 없어졌기 때문에 전망이 좋아졌고 공기도 맑아지고 바람도 불고 여름에는 기온도 내려갔다. 또한 소음이 5~10dB 정도 내려가 조용해진 것은 분명하다. 이 때문에 시민의 휴식장소로서 또한 관광명소로서 청계천에는 지금까지 이상으로 많은 사람이 모이게 되어 새로운 점포도 늘어나고 있다.

청계천 복원은 환경개선이나 도시의 활성화라고 하는 큰 효과를 이루었지만, 그 이상으로 서울에 있어서는 큰 의미가 있다. 그것은 풍수로서의 역할이다. 1394년에 서울이 조선왕조의 수도로 정해진 이래 1970년대에 복개공사를 할 때까지 청계천은 풍수도시의 중요한 요소의 하나로서 존재해 왔다. 풍수로 이상적인 지형은 사방이 산에 둘러싸여 있는 분지로써 도시의 내수內水와 외수外水로 불리는 하천이 껴안는 곳이다. 확실히 서울은 그러한 지형이고 내수는 청계천이, 외수는 한강이 담당하고 있다. 청계천의 부활은 역사의 재생이며 막혀 있던 도시의 기氣를 다시 찾는 의미도 있다.

대한민국에서는 지금도 풍수사상이 뿌리 깊게 남아 있어 청계천의 부활은 서울시민의 정시적인 면에도 큰 영향을 주었던 것이다. 2008년 2월 10일, 유감스럽게도 남대문의 일부분이 소실해버렸지만 이 남대문도 서울 시민에게 있어서 풍수의 중요한 요소 중 하나인 것을 생각하면 국민의 한탄의 의미도 더욱 깊게 이해할 수 있는 것은 아닐까.

청계천에 청류가 되돌아와 아이들이 흥미롭게 물장난하고 있다.

청계천의 추억

필자는 일본에 온 지 26년이 지났다. 지난 26년 간 대한민국은 크게 변했다. 그중에서 가장 크게 변한 것으로 청계천 재생을 들고 싶다. 내가 태어난 곳은 을지로 5가로 청계천 중심부였다. 지금도 청계천의 기억은 선명히 남아 있다. 남산으로부터의 지류는 깨끗한 물이 흐르고 있으며 여름에는 수온이 낮아 여기에서 자주 물놀이를 한 기억이 있다. 당시의 물장난이라는 것이 고무신을 개울(청계천 지류)에 띄워 그것을 뒤쫓는 단순한 놀이였다. 운이 나쁠 때에는 쫓아가지 못하고 그대로 흘러가버리는 경우도 자주 있었다. 집에 돌아가면 어머니가 "또 잃어버렸니"라고 말씀하셨지만 새로운 고무신을 또 사주셨다. 그런데도 지금 생각해 보면 별로 꾸중들은 기억은 없다. 비가 내린 후에 물의 흐름이 빨라진 것을 이해하지 못했던 어릴 적의 이야기이다.

어렸을 때에는 집에서 약 1.7km 떨어진 청계천을 건너 북쪽에 있는 '교동국민(초등)학교' 에 다니고 있었다. 이 학교는 대한민국에서는 제일 역사가 깊은 초등학교로 지금도 건재하다. 매일 초등학교에 다니면서 청계천이 바뀌어가는 모습을 보고 있었다. 청계천에서는 더러운 물이 흐르고 청계천의 하류에는 궁핍한 판잣집이 늘어서 있던 풍경을 기억하고 있다. 그러나 청계천의 상류에서는 복개도로의 공사와 고층건축의 공사로 새로운 근대도시 만들기가 진행되고 있었다. 초등학교 시절에는 매일 이러한 풍경을 보았던 내가 지금 일본에 살면서 청계천을 포함한 대한민국과 일본의 건축과 도시환경에 관한 연구를 하게 된 것은 감개무량하다.

책의 구성

제 1장에서는 청계천의 역사와 문화에 대해 소개한다. 역사도시 서울은 풍수사상에 의해서 계획되었다. 이 계획은 어떻게 되었는지 풍수사상으로 본 청계천의 역할은 무엇인가를 분명히 하고 싶다. 또한 근대화에 의해 급속히 진행되는 도시화의 물결 속에서 도시의 방해자로서 배제되고 지하배수로로 여겨져 마침내 고가도로를 건설하게 된 청계천의 큰 변화를 소개한다.

제 2장에서는 고가도로의 철거 및 청계천 복원과 재개발을 소개한다. 단면으로 본 청계천의 디자인, 물의 확보, 홍수대책, 유지관리, 다리의 디자인 등 여러 가지의 문제점을 소개한다. 또한 복원 후의 문제점도 다방면으로 분석했다.

제 3장에서는 복원된 청계천의 전체 모습을 소개한다. 약 6km에 이르는 복원된 청계천은 각 부분을 1가에서 9가까지 크게 3구역으로 나누고 하천의 특징과 그 주변 거리의 모습과 아울러 다양하고 개성적인 모습을 소개했다. 그리고 청계천 주변의 시장, 노점상, 지하상가가 어디에 있고 무엇을 파는지 상세하게 지도와 설명을 실었다.

제 4장에서는 한강 주변과 하천의 재생 프로젝트의 사례를 소개하고 있다. 대한민국에서는 1988년 서울올림픽을 전후로 서울의 하천 생태계 보존과 재생을 하고 있었다. 그때부터 강과 하천의 자연재생에 대한 관심이 높아지고 청계천의 하류인 한강을 중심으로 한 주변에서는 자연형의 하천정비가 실시되고 있

었다. 자연형 하천 만들기는 '환경친화적'이라고도 표현한다. 또한 대한민국에서는 청계천복원사업에 앞서 행해진 전례가 있다. 1970년대에 복개공사가 이루어지고 있던 하천을 2002년에 복원한 제주도의 산지천山地川이다. 이러한 것을 비롯해 국내에서 행해진 다양한 수변재생을 소개하고 있다.

이 책을 보면 서울이라고 하는 도시를 한층 더 즐겁게 볼 수 있다고 생각한다.

물의 재생으로부터 하늘의 재생으로

청계천 재생은 현재 구역마다 주제를 가지고 있기 때문에 각각 특색이 있다. 청계 1~4가는 역사 · 문화를 주제로 옛날의 다리나 궁전의 뜰 등의 역사적 조형물을 재현한 관광명소가 되고 있다. 청계 4~7가는 놀이교육의 공간으로서 상업시설이나 고층아파트 등의 건설이 진행되고 있다. 청계 7가에서부터 하류는 자연과 생태계를 살리는 공간으로서 강의 재생과 동시에 비오톱이 만들어졌다.

'문화 · 역사 · 인간'이라고 하는 제일 중요한 것을 우리는 당분간 잊어버렸던 것 같다. 이러한 것들이 청계천을 복원함으로써 소생한 것이다.

청계천복원사업은 분명히 예상을 웃도는 성공을 거두었다. 청계천 복원은 '물의 재생'이 주제였지만, 이후에는 '하늘의 재생'과도 연관 있음을 깨달았다. 지금부터는 여러 가지 문제가 발생할 수도 있다고 생각하지만, 그 문제점을 해결하면서 청계천을 지키는 것이 중요하다. 이 복원공사는 도시의 환경을 개선하기 때문만이 아니라 서울이 수도가 된 후의 600년의 역사를 복원함으로써 현재와 미래로 이어가는 매개체로서의 의미가 있는 것이다. 과연 일본은 서울을 본받을 수 있는 것일까. 일찍이 서울이 본받은 도쿄의 고가도로는 아직도 강 위에 덮인 채 그대로이다. 과거에는 서울이 도쿄의 모습을 보고 성장했듯이 도쿄는 과연 서울의 모습을 보면서 잠자고 있는 강을 부활시킬 수 있을까.

제 1 장

청계천의 역사와 문화

1-1 풍수도시 서울

서울의 고지도. 풍수사상에 의한 공간구성으로 되어 있다.

풍수사상에 의한 도시

우리가 대한민국의 수도를 '서울'이라고 부르게 된 것은 근대부터이며 수도를 의미하고 있다. 이전에는 한성으로 부르기도 했지만 한성보다 한양의 이름이 더 오래되었고 한국 사람들에게는 친근감을 준다.

옛 서울은 풍수사상에 따라 계획된 도시였다. 당시의 풍수는 도시나 마을을 구성하는 요소로서 산과 강 등이 중요시되고 있었다. 그리고 서울은 풍수요소로서 중요한 청계천을 중심으로 궁전을 건설하기 시작했고 역사적 건조물이 차례로 만들어졌다. 그렇지만 근대화가 되면서 도시가 성장하는 과정에서 강이 오염되어 고도의 경제성장과 함께 청계천의 모습은 사라져버렸다. 이번에 청계천을 복원함으로써 다시 풍수도시가 부활했던 것이다.

서울에는 지금도 풍수사상에 의해 만들어진 유적이 많이 남아 있다. 고지도를 보면 서울은 확실히 풍수 기본 그대로 그려진 것처럼 보인다. 서울처럼 이상적인 풍수도시의 모델에 일치하고 있는 도시는 세계적으로 드물다고 생각된다.

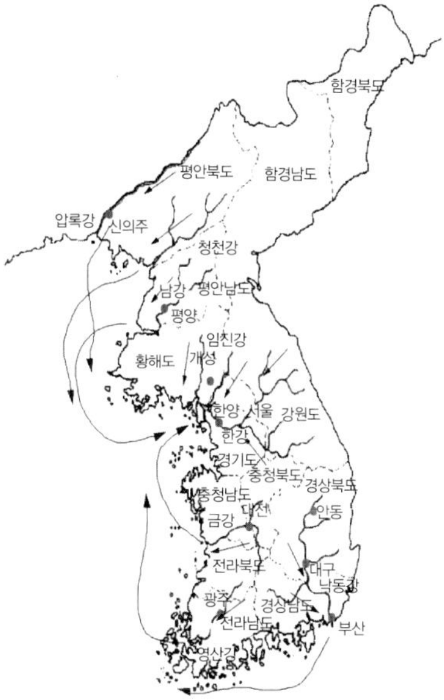

조선 전국팔도에서부터 수도 한양까지의 수로 경로

서울의 풍수적 도시계획

한양이 수도로서 최초로 정착한 것은 백제시대(BC 18~660)이다. 당시의 백제는 고구려의 침략을 피하려고 약 120년 간 한양에 수도를 만들었다. 그 후 통일한 고려의 수도는 개성이었지만 중기부터 한양의 남산에 별궁을 건설해 남경이라고 불렀다. 1392년에 고려의 마지막 왕 이성계는 새로운 나라를 만들기 위해 국호를 조선으로 하고 신도시를 현재의 서울로 이전했다(1394~). 이때 학자를 중심으로 풍수에 의한 신비적이고 이상적인 수도를 계획했던 것이다.

태조 이성계는 풍수사상을 중히 여겨, 풍수가 좋다면 새로운 왕조도 좋아진다고 믿고 있었다. 태조가 즉위한 다음해에 정궁正宮인 경복궁을 건설하면서 조선의 역사는 막을 열기 시작했다. 이와 같이 당시 조선시대의 수도 제정 및 궁전계획은 풍수사상과 깊은 관계가 있었다. 태조가 수도를 개성에서 한양으로 옮긴 이유는 풍수적 시점으로만 볼 수 있는 점이 많지만, 단지 그것만은 아니다. 한양은 지리적으로 한반도의 중심일 뿐만 아니라 하천과 바다를 이용한 수운水運으로서 가장 편리성이 좋은 지역이다. 당시 조선은 지방을 팔도로 나

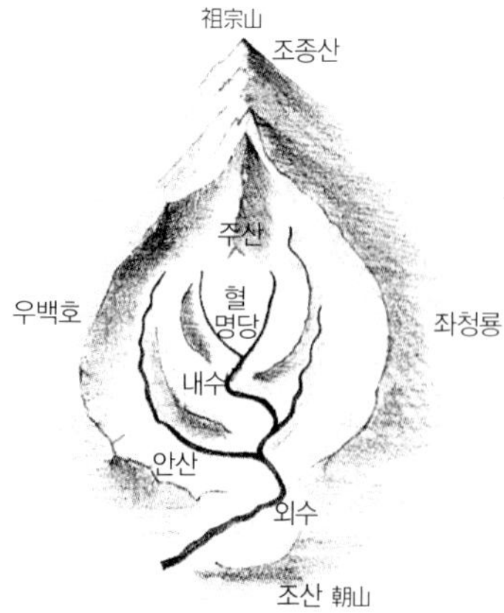

풍수의 원형도

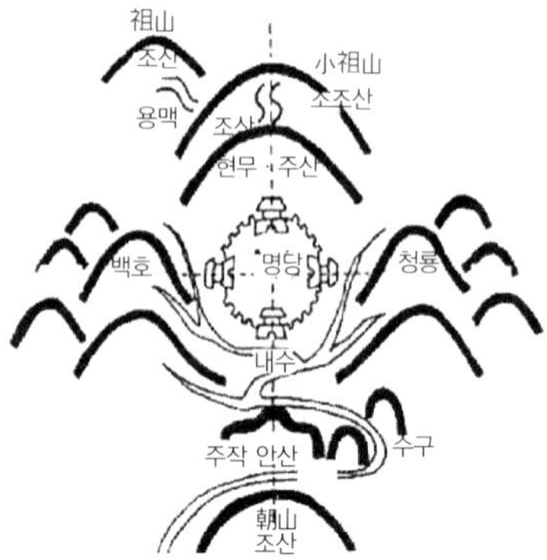

산국도의 풍수개념도

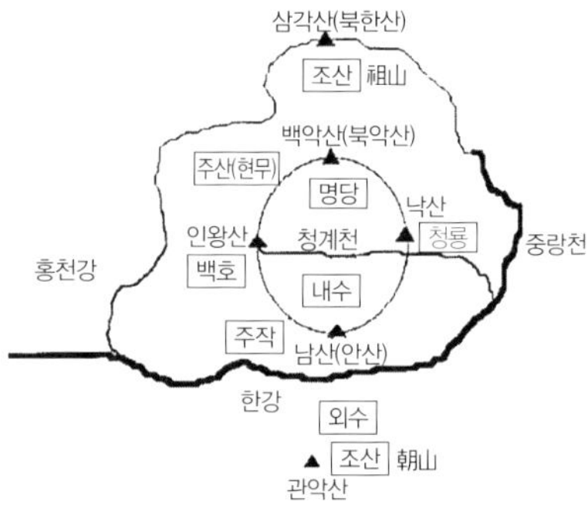

서울의 풍수지형도

누어 각각 경기도, 충청도, 전라도, 경상도, 강원도, 황해도, 평안도, 함경도라고 칭하고 함경도를 제외한 전국이 강으로 통하고 수운으로서 황해로 나와서 한강의 하구로부터 한양의 근처까지 와서 물자를 옮기는 데 가장 유리했다. 한양이 전국 각지로부터 균등한 거리가 되는 중앙에 위치하고 있는 것도 중요한 의미를 가지고 있었다.

그렇다면, 누가 어떻게 해서 이 토지를 선택했는가. 당시 서울의 풍수설을 둘러싼 논쟁이 〈조선왕조실록〉에 기록되어 있다. 태조는 최초의 후보지를 남부지방인 충청남도의 계룡산 기슭을 선택했다. 그러나 반대의견이 나왔다. 그 이유는 산세로 볼 때 계룡산이 한반도의 남방으로 편재되어 있기 때문에 물이 장생을 파괴하고 쇠퇴하는 땅이라고 상상했기 때문이다. 강의 흐름이 풍수에 적절하지 않고, 즉 기氣의 흐름이 나쁘다고 판단했다. 그 후 두 번째의 후보지는 대전시의 외곽에 있었는데, 이쪽도 풍수에서는 좋지 않다는 것이 판명되었

조선 태조 이성계(왕)

무학대사(승려)

정도전(학자)

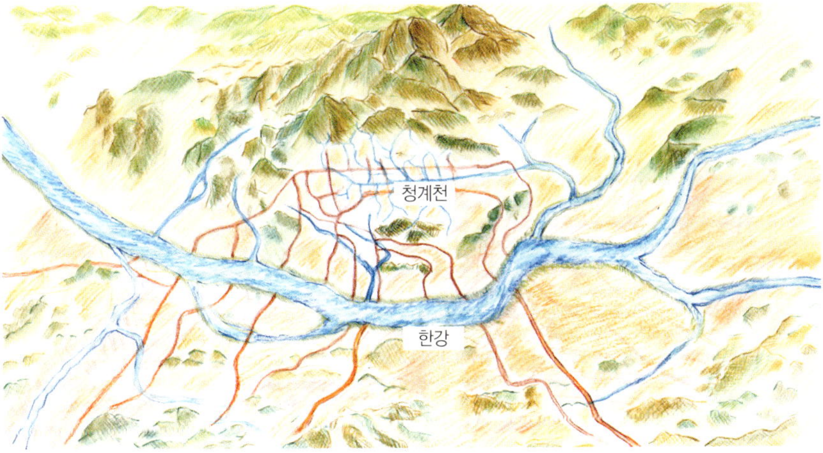

조선시대의 한강과 청계천 수류

다. 조선왕조가 수도 찾기에 필사적으로 철저하게 연구한 결과 선택한 것이 지금의 서울이다.

이 태조는 고명한 승려인 무학대사와 논의하여 분명히 풍수로서 좋다고 판단하여 결정하게 되었다. 그런데 다른 지관地官은 산으로 둘러싸인 분지의 지형이 좁은 것을 이유로 반대했다. 그때 등장하는 인물이 정도전이라고 하는 풍수학자이다. 결과적으로는 서울의 지형이 풍수로 보면 최고의 땅이라고 판단하여 새 수도로 정하였다. 수도 결정에서 가장 중요한 요소는 강이다. 그 강이 청계천이고 한강이다. 정도전은 풍수의 요소를 잘 이해한 뒤 성 내에 흐르

한양도성도(19세기 초기), 많은 골목길은 마치 청계천의 수로를 따라서 그리듯이 구성되어 있다.

는 청계천과 성 밖에 흐르는 한강을 잘 이용해서 성벽을 쌓고 풍수의 팔괘를 상징하는 여덟 개의 문을 만들고 궁전의 축조를 계획한 것이 현재 서울의 원형이다.

'배산임수背山臨水'

배산임수란 산을 뒤로 등지고 앞에는 강이 흐르고 있는 지형으로, 풍수에서는 가장 이상적인 형태이다. 한양의 지형은 북악산을 뒤로 등지고 앞에는 청계천과 한강이 흐르고 있다는 점에서 배산임수의 조건에 딱 들어맞는다. 이러한 지형은 풍수에서는 당연한 것으로 규모가 작은 시골의 마을에서도 거의 비슷하게 배치되어 있다. 한반도의 겨울은 북쪽에서의 한랭풍 때문에 매우 추워 환경이나 기후적으로 볼 때 이러한 지형이 잘 이해할 수가 있다.

청계천은 북서의 인왕산과 북쪽의 북악산, 남쪽의 남산으로부터 시작되어 도성 한가운데에서 합류해 서쪽에서 동쪽으로 흐르는 도시하천이다. 풍수의 기본은 기氣의 흐름을 중시하고 그 흐름이 강한 곳은 산이 되고 그 기슭에 혈穴이 되어 기가 모인다. 이 혈로부터 기를 받게 되는 장소인즉, 명당에 수도를 정

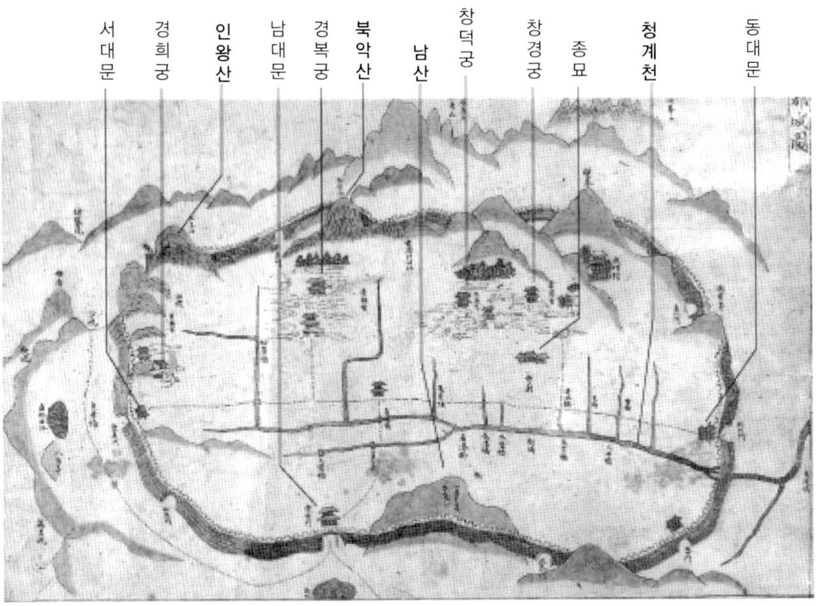

청계천 북쪽에는 네 개의 왕궁이 있고 그 주위를 크게 성벽이 둘러싸고 있다.

하면 국가 전체가 평안 무사하게 된다고 생각했던 것이다. 즉, 풍수적으로 뛰어난 토지라고 하는 장소는 동서남북으로 산이 있어 북쪽의 산에서 동서로 능선이 퍼지고 있는 분지가 아니면 안 되고, 그 분지가 명당이 되어 또 그 분지 안에는 내수內水 : 하천가 명당 밖에는 외수外水 : 하천, 강가 흐르지 않으면 안 된다. 강과 하천이 중시된 것은 강과 하천의 흐름에 '기'가 흐른다고 생각되었기 때문이다. 분지의 외곽을 한강이 외수가 되고 한강의 지류인 청계천이 분지 안쪽의 내수가 되어 서로 역방향으로 흐르고 있다. 역방향의 형태는 풍수에서 매우 길지로 불린다.

'사신상응四神相應'

사신상응이란 네 방향이 산에 둘러싸여 북쪽은 현무, 남쪽은 주작, 동쪽은 청룡, 서쪽은 백호라고 하는 전설의 동물에 비유된 신이 지켜준다고 하는 의미이지만, 이미 앞에서 말한 바와 같이 대응한 산들이 존재하여 분지는 각각의 수호신의 보호를 받고 있다. 그 산은 보기 좋게 도성을 둘러싸고 동쪽으로 낙산, 서쪽으로 인왕산, 남쪽으로 남산, 북쪽으로 북악산에 해당한다. 또한 네 개

경복궁에서 북악산을 바라봄.

의 대문인 동대문, 서대문, 남대문, 북문이 사신四神으로부터 지켜지고 있고 그 사이에 네 개의 작은 문이 있다. 그 안에 건설된 경복궁의 위치 설정은 매우 중요한 것이었다. 이러한 것으로 보아 서울은 풍수적으로 적당한 토지이며, 이 토지의 '혈'이 될 수 있는 장소에 경복궁을 배치함으로써 새로운 나라의 발전을 바랐던 것이었다.

이만큼 뛰어난 풍수요소가 갖추어져 있어도 결점이 있었는데 그것은 남쪽의 관악산이었다. 이 산은 주산인 북악산, 북한산보다 높고 산의 형태가 한문의 불火자의 형태로 좋지 않기 때문에 이것이 아무래도 신경이 쓰였다. 그래서 생각한 것이 경복궁의 정문인 광화문에 해태(해치라고도 함)라고 하는 비보裨補 : 보태어 채움, 풍수요소에서 부족한 부분을 메움를 세운 것이다. 또한 남쪽을 지키는 남대문은 다른 대문의 편액이 가로인 데 비해 세로로 만들었는데 남쪽의 재앙을 억제하기 위해서였다고 한다. 그러나 오늘까지 왕궁을 계속 지킨 남대문이었지만 그 재앙을 극복하지 못하고 2008년 2월 10일 방화에 의해 일부가 소실된 것은 정말 유감스러운 일이다.

한성을 둘러싸는 성벽

옛날의 남대문, 4대문 중 이 문만 편액이 세로틀로 되어 있던 것은 풍수사상에 의한 비보의 역할 때문이다.

경복궁의 광화문 앞에 있는 비보의 해태(해치) 상

1-2 청계천의 지류支流와 도시 만들기

창덕궁의 정원. 비원의 주합루와 연못, 궁전은 물과 깊은 관계가 있었다.

북악산, 남산에서 청계천으로

한양은 산세에 맞춰 성벽을 쌓아올리고 청계천으로 흘러가는 여러 개의 하천이 있었던 것을 알 수 있다. 지금은 이러한 지류를 볼 수 없지만 당시의 도성 내에 흐르는 청계천의 모습을 상상할 수 있다. 청계천은 북악산, 인왕산, 남산, 낙산 등 도성을 둘러싸고 있는 주변의 산으로부터 흘러드는 많은 지류가 모여 형성된 도시하천이었다. 당연히 거기에 가설되는 다리도 다소 존재하여 현재의 모습에서는 상상도 할 수 없지만 한양의 도성 안은 하천과 다리투성이었다. 청계천은 25개의 지류가 있고, 그 외에 3개의 하천과 함께 한강으로 흘러간다.

청계천을 중심으로 도성은 남북으로 나누어져 남북의 계곡으로부터 흐르는 각각의 물 흐름을 따라서 자연스럽게 경계가 생기고 몇 개의 공간으로 이루어졌다. 그리고 이 공간마다 경복궁, 창덕궁 등의 궁전이 지어지고, 역대의 왕들을 제사 지내는 종묘와 국토와 곡물의 수호신을 제사 지내는 사직, 교육기관인 성균관이 배치되어 도시가 형성되었다. 또 청계천을 따라 큰 길이 만들어져 도성을 동서로 연결하고 있듯이, 남북으로 흐르는 지류에 따라 크고 작은 길이 생겨 도성의 모든 곳으로 연결되었다. 그리고 물과 길이 교차하는 곳에는 다리

아낙네는 빨래, 아이들은 물놀이에 여념이 없다. 하천은 생활과 밀접한 관계가 있었다.

경복궁의 주변. 이 개울은 청계천의 본류에 흘러가고 있었다.

풍요로운 물에 에워싸인 경복궁의 경회루

를 놓아 마을과 마을을 연결하고 있었다.

이상과 같이 옛 서울은 주변의 산을 연결하여 만든 성곽이 도시의 경계가 되어 계곡으로부터 흐르는 물 흐름水流에 따라서 길이 생겨 마을이 형성되었다. 중세의 서울은 한마디로 자연의 지형을 이용한 도시 만들기였다. 한편, 가로街路도 청계천의 본류本流와 지류支流에 영향을 받고 있었던 것이 분명하다.

서울의 중요한 건물 부지는 청계천의 지류에 둘러싸여 있어 그 지형에 수류水流를 그대로 이용하고 있었다. 주요도로는 직선도로이지만 일반도로는 꼬불꼬불하고 막다른 골목이 많았다. 이러한 가로는 청계천의 수류를 따라 구성되어 있었다.

서울의 공간구성에서의 청계천의 역할

청계천에는 수많은 지류支流가 흐르기 때문에 도성의 서울은 친수親水와 이수利水가 풍부했다. 도성에는 다섯 개의 궁전이 만들어지고 있었는데 각각의 궁전의 배치를 보면 반드시 지류와 연결되면서 수水공간을 만들어내고 있다. 예를 들어 경복궁을 보면 정문(광화문)으로부터 정전(근정전)까지의 어프로치

경복궁의 금천, 악을 없애는 해태(해치)

의 사이에는 서쪽에서부터 동쪽으로 시냇물이 흐르고 있다. 또한 궁전의 침전 북측에 있는 향원정이나 중심부의 경회루가 있는 연못은 청계천 지류의 물을 이용한 중요한 수水공간이다. 이처럼 다른 궁전도 청계천의 지류를 어프로치의 연출수단으로서 사용했던 것이다. 즉, 궁전의 공간구성에는 자연의 강의 흐름이 중요한 요소로서 사용되었다고 말할 수 있다.

이것들은 일본의 신사神社와 절寺에서도 자주 볼 수 있다. 신사에서는 도리鳥居 : 입구에 있는 두 기둥의 문에서 정전正殿 : 중심을 이루는 건물으로 갈 때까지의 공간에 수공간을 만들어서 성역을 높인다고 하는 의미를 가지고 있다.

궁전에 흐르는 하천은 풍수에서는 명당수라 하여, 그 이름을 금천錦川, 禁川이라고 부른다. 경복궁 금천의 돌다리 부근에 '해태(해치)'라고 하는 비보의 석조물이 있는데 이것들은 하천의 흐름으로부터 진입하려고 하는 귀신을 막는다는 의미가 있다. 하천은 밖의 속계와 안의 엄숙한 성역을 나누는 것으로 다리는 성역에 들어가기 위한 상징적인 의미가 있다.

서울의 도시구조에서 보면 청계천은 서울의 신분공간을 분할하는 요소로서도 사용되고 있었다. 청계천의 북쪽을 상대上代라고 하여 궁전 바깥에 양반이

창덕궁 안쪽의 뜰, 후원의 연못과 작은 정자

라고 하는 권력자가 거주하고 남쪽은 하대下代라고 하여 서민 하인계급이 살고 남산의 북쪽 산기슭에는 궁핍한 학자가 살고 있었다.

한국 정원의 특징

한국의 정원은 자연을 그대로를 이용하면서 별로 손을 대지 않는다는 것이며, 일본 정원은 자연을 사람의 손으로 다듬으면서 꾸미는 데서 자연에 대한 애정의 큰 차이를 볼 수 있다. 세계유산인 창덕궁의 뜰 후원(비원)은 궁전의 북측에 있는 자연이 풍부한 장소이다. 이곳은 견학시간이 정해져 있어 자유롭게 볼 수 없기 때문에 안내자와 약 2시간 정도 돌아보는 것이 통상의 견학코스였다. 외국인 관광객이 산속의 숲을 돌아온 것 같은 기분이 나서 "창덕궁의 정원은 어디에 있었습니까"라고 물었는데, 가이드는 "여러분이 돌아본 숲이 바로 정원입니다."라고 대답했다고 하는 일화가 있다. 관광객은 지금 다녀온 자연의 숲을 정원이라고는 생각하지 않았던 것이다.

어렸을 때의 추억이지만 필자의 집은 을지로 5가에서 원소동으로 이사를 했다. 여기는 창덕궁의 부근에 있는 마을이며 북촌의 동쪽에 있다. 지금도 기

궁전의 근처에서도 물은 생활을 위해서 사용되고 있었다.

억하고 있지만 정문의 우측에는 깨끗한 물이 흐르고 있었고 20명 정도가 놀 수 있는 물의 공간이 있었다. 이 물 흐름은 북악산으로부터 창덕궁을 통해서 청계천으로 흐르는 청계천의 지류였다. 거기에서 아줌마들이 세탁하고 있던 모습이 지금도 생각난다. 물론 필자도 물장난하며 놀던 기억이 선명히 남아 있다. 이것은 언제까지나 사라지지 않는 어렸을 적 추억의 하나이다. 그때의 투명하고 차가운 물의 느낌을 잊을 수가 없다. 당시의 이곳은 '빨래터' 라고 하여 이 마을의 세탁장소이며 물 놀이터로서 인기가 있었다. 물론 세탁 등에서 더러워진 이 물은 생활배수와 함께 지하배수로가 된 하수도를 통해서 청계천의 본류로 흘러갔다. 현재 창덕궁은 세계유산과 국보로 되어 있지만, 지금 생각하면 세계유산과 국보 앞에서 생활배수를 흘려보내고 있었던 것이다.

1-3 준설의 역사

영조

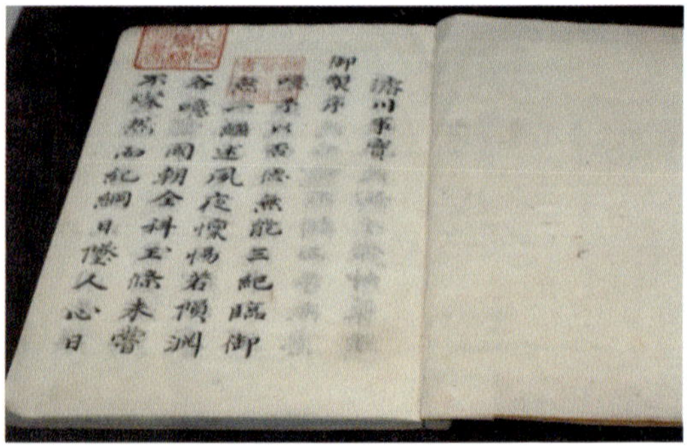

「준천사실」 준천의 역사가 기록되어 있다.

인구증가에 의한 오염

일찍이 청계천은 개천으로 불리고 있었지만, 조선왕조시대의 '개천' 이라고 하는 말은 인공하천이라고 하는 의미가 있는 보통명사였다. 따라서 청계천만이 아니라 지방의 각 인공하천도 개천으로 불리고 있었다. 이 인공하천은 주로 홍수 때의 배수시설임과 동시에 평상시에는 하수기능을 하고 있었다.

이 인공하천을 유지하기 위해서는 항상 준설을 반복하는 작업이 필요했다. 준설의 기본적인 목적은 큰 비가 내렸을 경우 하천이 범람하지 않도록 하여 주변 가옥에 피해를 주지 않게 방지하는 것이다. 주된 작업은 하천바닥의 토사를 긁어내는 것으로 하천의 수심을 늘려서 수로를 넓히는 것이었다. 또 이와 함께 하천의 제방을 보수하고 물을 온전히 배수하기 위한 수문을 정비하는 작업도 행해졌다. 즉, 배수시설의 정비와 준설은 도시하수를 처리하기 위해서 없어서는 안 되는 것이었다. 당시에 배수시설이 없었던 도성 내의 각종 오물을 청계천 배수로가 해결하였다. 게다가 서울의 인구가 증가함으로써 하천으로 흘러가는 배수가 해마다 증가함으로써 본격적인 하천바닥의 관리대책으로서 준설이 요구되었던 것이다.

개천공사

태종 11년(1411년) 말에 개천공사계획을 세워 개천도감을 설치하고 다음해인 정월부터 공사에 착수했다. 전라도, 경상도, 충청도에서 선발한 5만 명의

오간수문 위에서 청계천의 준설을 시찰하는 국왕. 지금의 청계천 6가

병사들에 의한 1개월간의 강행작업에 의해서 제1차 개천공사를 완성했다. 하천바닥을 파내고 하천폭을 넓히는 동시에 상류부분의 제방은 돌을 쌓았다. 또한 현재의 청계 3,4가에서 오간수문五間水門까지의 제방은 나무로 쌓았고 중요한 다리인 광통교, 혜정교는 목재에서 석재로 바꾸었다. 이 공사는 충분한 사전계획과 보호조치를 마련했음에도 불구하고 사망자 64명을 낼 만큼 대단히 힘들고 큰 공사였다. 이렇게 하여 대규모 개천공사를 완공했지만 우기에 접어들면 지류와 본류가 모두 흘러넘쳐버린 데다가 성곽의 수구가 너무 좁았기 때문에 큰 수해를 가져 왔다.

이 때문에 더욱 근본적인 보수공사가 필요하게 되어 세종 4년(1422년)부터 16년 2월까지 약 13년간 주로 농한기를 이용하여 보수를 반복함으로써 후시대의 형태에 가까운 하천이 되었다. 이처럼 청계천은 자연의 흐름에 대처해서 많은 인력을 동원해 오랜 세월을 거쳐 완성한 개천인 인공하천이었다.

하천의 오염과 준설개천의 본질이 인공 하수도였기 때문에 왕조 500년을 통해서 결코 깨끗하고 아름다운 하천이었다고는 할 수 없다. 많은 가난한 사람들이 개천을 중심으로 모여 움막을 짓고 생활했을 뿐만 아니라 청계천에는 오

청계천 준설공사의 모습

물을 버렸는데, 그 불결함은 상상을 초월할 정도였다. 풍수지리설에 의하면, 도성 내의 명당수인 개천의 물이 깨끗하지 않고 각종 폐기물이 쌓이고 악취가 감도는 등 유지관리에 문제점이 있다는 것을 세종 16년(1434년)에 이건호가 상소하였다고 조선왕조실록에 기록되어 있다.

이후 몇 번이나 건의되었지만 정치, 경제적인 여러 가지 문제 때문에 개선하지 못하고 개천공사의 개시까지 300년의 세월이 지났다. 개천 준설이 본격적으로 시작된 것은 영조 36년(1760년)이었다. 연간 15만 명과 노동자 5만 명을 채용해 방대한 경비를 들여 2월 18일부터 4월 15일까지 57일간에 걸치는 공사를 시행했다. 왕조 500년 이래 최대의 업적으로, 건국 이래 역사상 최대의 공사로서 도성의 백성들과 승려들이 모두 기뻐하였다 한다.

매번 일어나는 홍수

영조 대에 대대적인 준설을 수행할 때까지의 청계천의 관리는 한성부와 공조가 담당했다. 공조는 한성부와 함께 도성 내의 도로와 교량의 유지관리의 임무를 맡고 청계천 주변의 백성들에게 하천을 관리할 책임을 주었다.

근대화 직전의 서울의 항공사진. 전통적인 가옥에 둘러싸인 창덕궁의 모습

그때 당시에는 하천바닥이 높아지고 큰비가 내릴 때마다 도로에 흘러넘친다고 하는 불평이 많았다. 매년 여름 장마철에는 청계천이 범람해 하천 주변의 인가에 피해를 주었다. 청계천의 하천바닥이 높아지는 현상은 하천의 범람에 의해 수해가 일상적으로 발생하는 요인이 되었다.

준설 전문서인 〈어제준천명 병소시御製濬川銘 并小序〉에는 1773년 서울 주변의 산에 수목이 없어짐으로써 흙과 자갈이 흘러 청계천의 하전바닥에 퇴적하게 되었다는 것을 그 원인으로 지적하고 있다.

진행되는 한성의 도시화

청계천의 흐름이 막히는 더욱 근본적인 원인은 청계천의 인구증가였다. 17세기 후반 이후 도성 안에 인구가 집중하게 되어 도시화가 진행되는 동안 일부 사람들은 입산금지인 도성을 둘러싼 산에 경작지를 만늘었다. 따라서 청계천 주변의 산은 황폐하고 홍수와 함께 흙과 자갈이 청계천에 흘러들었다. 게다가 도성 내 주택의 건설과 온돌난방의 연료를 위한 목재를 얻기 위해 주변의 산에 들어가 벌채한 결과 산의 황폐가 더욱 진행되었다.

복원된 광통교

이처럼 경작지, 주택건설, 난방연료의 증가에 의한 목재의 남벌이 지표수를 통해서 청계천에 흐르는 토사의 유입량을 증대시켜 하천바닥의 퇴적상황을 악화시켰다. 이로써 성 내에서는 적은 비가 내려도 청계천이 범람하게 되어 하천의 준설이 절실하게 요구되었던 것이다.

영조 대에 시행된 준설은 청계천 백성의 안정된 생활을 보장하기 위한 시책이기도 했다. 청계천 주변에 사는 사람들은 서울의 인구증가와 밀접하게 관계되는 주민이었다. 당시 청계천의 연안지역에서 도로를 침범해 지어진 집은 약 500호에 이르렀다. 이것은 서울도성 내에서 집을 지을 수 있는 공간이 부족한 상황을 의미한다. 즉, 새롭게 서울에 유입한 사람들이 집을 지을 장소가 청계천 주변밖에 없었던 것이다. 이처럼 청계천 주변의 주민이 증가함에 따라서 생활의 안전과 안정을 주기 위해서도 준설이 필요했다 .

이번 청계천의 부활에 의해 지하에 파묻히고 있던 광통교가 소생해 당시의 준설기록을 읽을 수 있게 되었다. 광통교의 교각에는 "경진지평庚辰地平"이라고 하는 4문자가 쓰여 있다. "경진"은 영조 36년의 간지干支이며 서기 1760년이다. 그해에 준설한 하천바닥의 표준을 나타내고 있다. 큰 공사를 끝낸 영조는

광통교의 교각에는 '경진지평'이라고 쓰여 있다.

준설 상설기관인 준설사를 두어 섬세하게 준설구역을 나누어 분담시키는 조직을 만들었다. 준설은 그 후에도 자주 실시되었다는 것이 〈조선왕조실록〉에 기록되어 있다.

그러나 조선시대의 청계천은 오탁과 홍수, 준설 같은 치수治水 등의 마이너스적인 역사만 있는 것이 아니다. 주민에게 있어서는 생활용수는 물론 연날리기나 답교놀이 등 친수공간으로서 없어서는 안 될 장소였다.

1-4 수변의 풍속문화

1900년 무렵의 청계천. 보이는 다리는 수표교로 지금의 청계 2가 부근이다. 아낙네들이 빨래하고 아이들이 물장난하고 있다

청계천에 관련되는 세시풍속문화

예로부터 한국에는 정월, 한식, 초파일, 단오, 추석 등의 명절이 있어 다양한 전통적 의례가 있었다. 특히 서울에는 다른 지방에서는 볼 수 없는 독특한 세시풍속이 많았다. 서울의 세시풍속은 고려시대의 불교문화, 조선시대의 유교문화가 균등하게 포함되어 있고 궁중의 풍속과 민간의 풍속이 존재하는 이중구조로 되어 있었다. 또한 세시놀이는 대부분 풍년을 빌고 사악한 악귀를 물리치고 액을 막고 복을 부르는 토속신앙의 의미를 지니고 있다. 이와 같이 많은 풍속놀이가 있었지만 그중에서도 청계천 주변의 습속으로서는 다리밟기, 연날리기, 연등축제가 유명하다.

청계천은 이전에는 귀족과 민중의 공통의 세시풍속의 장소였다. 청계천의 복원이란 하천이라고 하는 형태의 복원만이 아니라 서울 사람들의 마음속에 있는 원풍경原風景도 복원하는 의미를 지니고 있는 것이다.

답교踏橋

고려시대(918~1392년)에 시작했다고 하는 다리밟기는 음력 정월 대보름

광통교의 양반답교(다리밟기)

(음력 1월 15일)이 되면 남녀노소가 다리 위를 걷는 전통적인 풍습이다. 다리밟기라는 것은 우리나라 말로 신체의 '다리'가 건너는 '다리'하고 발음이 같으므로, 연초에 1년을 상징하는 12의 다리를 걷거나 나이의 수만큼 다리를 밟으면 그 1년간은 다리의 병을 앓지 않고 모든 재앙을 쫓아버릴 수 있다고 하는 신앙으로부터 온 것이다. 또한 복도 불러온다고 믿었었다.

다리밟기는 남녀노소 신분에 관계없이 모든 사람이 함께 즐기는 세절의 풍습이었기 때문에 15일에는 너무 많은 사람이 모여들어, 이러한 혼잡을 피하고자 기혼여성은 16일에 실시하고 양반은 서민과 몸이 부딪치는 것을 싫어해 14일에 행하여졌다. 이것을 양반다리밟기라고 불렀다. 즉, 매년 음력 정월 대보름의 1일간의 행사가 아닌 전후의 3일간 행해질 만큼 번성했다. 또 이날은 도성 내의 사대문을 닫지 않았다고 하는 기록도 있어 매우 소중하고 대대적으로 행하여지고 있있던 것을 알 수 있다.

서울에서는 다리밟기가 광통교와 수표교 등 청계천에 가설되고 있는 다리를 중심으로 번성했지만 서울에 있던 하천과 다리가 점점 사라져가면서 다리밟기의 풍습도 점차 사라져 갔다. 현재는 송파 다리밟기만이 복원되어 민속적

1950년경의 연날리기 모습

풍습으로서 계승하고 있다. 그러나 이번 청계천의 복원으로 다리밟기가 번성했던 광통교가 옛날과 같이 소생했기 때문에 서울에서 다시 다리밟기 놀이를 하는 모습을 볼 수 있는 것은 아닐까 생각된다.

연날리기

연날리기는 정월의 대표적인 놀이의 하나이다. 청계천에서도 답교놀이와 함께 음력 1월 15일을 전후해 행해진 대표적인 민속적 풍습이다. 연을 올리는 것은 놀이만이 아니라 재앙을 날려 보내는 주술呪術적인 목적도 있었다. 연에 '액厄' 이라고 하는 글자를 쓰거나 '송액送厄 : 재앙을 보내다' 이나 '송액영복送厄迎福 : 재앙을 보내고 복을 맞이한다' 이라고 하는 소원과 사람의 이름과 생년월일을 써 올리면 전년의 모든 액과 신년의 나쁜 운을 맑게 할 수 있다고 믿었었다.

매년 음력 1월 15일 전의 1, 2일은 광통교와 수표교 등 청계천의 주변에서 연날리기하는 사람과 이것을 구경하는 사람으로 가득 차 다양한 연이 떠올랐다. 하천이 동서로 길기 때문에 바람이 곧잘 불어서 청계천의 다리 위가 연날리기에 적절했었다. 복개 후의 청계천은 콘크리트에 덮이고 고층빌딩 때문에

연등행렬의 모습

복원된 청계천의 연등축제

통풍이 좋지 않았다. 청계천은 원래 물이 흐르는 것만이 아니라 바람도 빠져나가는 통풍이 좋은 곳이었다. 복개에 의해서 하천과 다리가 사라져 다리밟기와 함께 연날리기도 사라져 갔던 것이다.

연등燃燈축제

연등축제는 석가모니의 탄신일(음력 4월 8일)을 축하하는 행사로 절에 가서 소원을 빌기 위해 연등을 실시한다. 연등은 연꽃과 물고기, 과일의 형태로 만들어 등불 옆에 소원을 글로 쓴다. 4월 8일이 가까워지면 끈에 수많은 연등을 이어 청계천의 강변을 행진하는 등불 행렬이 화려하게 전개되었다.

석가탄신일은 부처님 오신날이라고도 하며 음력으로 공휴일로 정해져 있는데, 복원된 현재의 청계천에서는 약 1개월 전부터 하천에 연등축제를 위하여 여러 가지의 조명을 설치한다. 또한 물 위에 불교와 관련된 조형물을 띄우고, 밤에는 그 조형물 안에 조명이 있어 그 빛이 마치 예술 작품처럼 조화를 이루고 있다.

다리밟기, 연날리기 등 다른 전통적인 풍습이 시대와 함께 사라져 간 것과는 달리 연등축제는 현재도 계속되고 있다. 매년 음력 4월 8일에는 장대 대신에 가로수와 전기를 이용해 제등을 켜 현대식으로 개량된 연등축제가 열리고 있다.

1-5 근대화와 지하배수로의 시작

개발 전의 청계천 주변. 청계 5가, 종로 5가에서 1가 쪽으로 바라본 풍경

일제강점기 시대의 청계천(1909~1945년)

1910년 일본이 대한민국을 식민지화하면서 70만 명이 넘는 일본인이 한반도로 이주했다. 한성에 조선총독부를 두면서 공식명칭을 경성으로 바꾸어 많은 일본인이 정착함으로써 그 수는 매년 증가해 1942년경에는 17만 명 이상이 되었다. 경성에서 일본인은 청계천을 중심으로 남쪽의 구역에 남촌이라고 하는 새로운 마을을 만들었다. 조선총독부는 개천 준설을 시작하면서 하천에 고유명사를 만들어 청계천이라고 불렀다. 즉, 현재 사용되고 있는 청계천의 이름은 이때부터 시작되었던 것이다.

그 이름은 '청풍 계천' 으로부터 온 말이다. 필자가 어렸을 때에는 청계천을 '개천' 이라고 부르고 있었다. 분명히 청계천이라고 하는 고유대명사를 알면서도 통상 개천이라고 말했다. 나의 기억으로는 복개나 고가도로가 생긴 후에 청계천이라고 부르게 된 것 같다.

1918년부터 시작한 당시 청계천 준설의 목적은 전염병의 예방이며, 지류와 본류를 빈번히 공사하고 있었다. 그러나 1925년에는 대홍수로 방대한 피해를 가져오게 되었다. 이때부터 준설은 더욱 깊게 행하여져 청계천에는 깨끗한 물

1900년경 당시의 종로풍경. 전통적인 초가집 가옥이 가득 차 있다.

1920년경 철도가 개통하여 급속히 근대화가 진행되면서 서양식 건축이 즐비하게 서 있는 종로의 풍경

1940년경 남대문 거리. 명동 주변

이 흐르게 되었다. 부인들이 세탁하고 아이들이 물장난을 하는 친수親水의 하천이 된 것은 확실하다. 그리하여 청계천의 주변은 서민의 생활이 흘러넘치는 공간이었다.

그 당시의 서울은 급속히 도시화가 진행되면서 청계천 남북의 지류는 점점 줄어들었다. 지류가 감소한 이유는 1900년경부터 만들어진 새로운 교통기관인 철도 때문이다. 그 철도는 동서를 달리고 있었기 때문에 남북으로 흐르는 청계천의 지류는 부분적으로 지하배수로가 되었다. 또한 외국영사관 등 근대의 서양건축물들이 많아지면서 그 주변의 지류도 지하배수로가 되어 갔다. 청계천 주변은 지방으로부터의 농민들이 집중하여 무허가 집을 만들고 서울의 인구는 급격하게 증가해 청계천의 오염은 다시 심각하게 되었다.

이와 같이 이 시기에는 새로운 도시화에 의한 청계천의 물리적인 친수親水와 이수利水는 없어지고 단순한 하수도의 역할을 가질 뿐이었다. 이로써 치수治水 때문에 지하배수로가 되어버렸고, 배수관 위가 새로운 길이 되어 가로도 청계천의 본류와 지류의 흐름과는 관계가 없어졌다.

1937년에 중일전쟁, 41년의 태평양전쟁으로 국고 및 서울시 재정은 악화되

오른쪽 위에 높게 보이는 것이 동대문. 성 밖의 청계천은 무허가 판잣집 마을이 생기고 있다.

청계천의 주변에는 판잣집이 나무기둥으로 높게 서 있다.

수량이 적은 겨울의 청계천. 아이들의 놀이터로도 이용된다.

고 노동력의 절대부족 등의 요인으로 청계천의 준설은 생각할 수도 없게 되었다. 그 결과 청계천은 급격하게 오염되기 시작하였다. 한편, 청계천 본류의 복개가 시작된 것은 1937년부터인데, 당시의 일본군은 서울에서 군수물자를 빠르게 수송하기 위한 교통로의 확보가 필요했었기 때문에 청계천을 덮어 도로로 이용하는 것을 계획하였다. 이렇게 1937년부터 광화문우체국의 앞에서 광통교까지 복개공사가 시작되어 1942년에 완성했고 나머지 구간에 대한 복개계획을 세웠지만 종전으로 중단하였다.

북촌과 남촌

이 시기의 서울의 거주공간은 청계천 북측에는 한국인 주거가 많고 남쪽에는 일본인 주거가 많아졌다.

다음 페이지의 사진은 1930년경이지만 한국의 전통주거인 한옥이 있는 것을 알 수 있다. 지금도 이 지역에서 많이 남아 있는 것은 이 시기에 계획된 한옥이다. 현재도 북촌이라고 하여 보존지역으로 되어 있다. 한편, 51페이지의 사진과 같이 본정本町이라고 하는 간판이 있다. 사진의 이 본정은 지금의 퇴계

1930년경의 북촌. 청계천 북쪽에 있는 전통적인 한옥주거군

1920년경의 '본정'. 지금의 충무로, 청계천 남쪽에 일본인이 대부분 거주했다.

현재의 북촌(2008년 8월)

현재도 남아 있는 이전의 일본인 주거군. 중구 인현동(2004년 12월)

로이다. 이러한 지역에는 2층 건물의 일본식 연립주택이 지어졌다. 한국의 기후에 맞추고 온돌을 갖춘 다다미방의 일본식 주거가 많았다.

필자도 이러한 일본식 주거에서 태어나 생활한 기억이 생생하게 남아 있다. 확실히 1층이 온돌방이고 2층이 다다미방이었다. 지금 생각하면 1층과 2층의 온돌과 다다미는 난방과 습기에 대한 양국의 지혜가 만들어낸 공간이라고 생각된다. 또한 우리나라 주택은 주로 단독주택의 단층집이었는데 2층 건물과 하나의 동棟에 복수의 형태를 취한 집합주택이 존재하는 연립주택의 출현은 새로운 거주공간 만들기의 시작이며 집합주택의 원점이라고 생각할 수 있다. 현재 그 모습은 조금 남아 있지만 건물은 노후화되어 있고 사람이 생활하는 것보다 작은 공장 등으로 이용되어 있는 데 지나지 않는다. 위의 사진에서 앞의 집은 약 40년 전에는 나의 큰아버지의 집이었다. 어렸을 적에 친척 형들과 놀았던 기억이 떠오른다.

1-6 고도성장기의 고가도로

청계천의 복개공사가 시작되어 철근콘크리트의 교각이 세워지기 시작했다.

폐허로부터의 부활

태평양전쟁이 끝나고 한반도는 일본군으로부터 해방되어 신정부의 수립과 6.25전쟁이 계속되는 동안 청계천은 완전하게 잊어버렸다. 태평양전쟁이 일어난 1941년부터 10여 년 동안 청계천은 방치상태였기 때문에 토사나 오물이 쌓여 준설을 할 수 없을 정도였다. 특히 가장 심각한 문제는 청계천 주변에 어느새 들어서버린 다수의 판잣집 주택이었다.

처음에는 동대문 주위에 있던 무허가 판잣집 주택이 청계 5, 6가에까지 이어지다가 마침내 3, 4가까지 밀도 높게 빈틈없이 지어져버렸다. 정화조도 없는 시대였기 때문에 판잣집으로부터의 배설물과 생활배수가 청계천에 그대로 흐르기 시작해 악취가 만연하고 있었다.

한국전쟁이 1953년에 끝나고 전쟁의 폐허 속에서 서울의 중심가인 청계천 주변에 무허가 판잣집이 한층 더 늘어섰다. 이 시대는 판잣집의 철거와 청계천 본류를 지하배수로로 만드는 것이 최대의 문제였다.

청계 5가. 복개공사를 위한 교각이 즐비하게 서 있다.

진행되는 복개공사

청계천 오염 등의 문제를 해결하기 위해서 대한민국 정부는 8대 서울시장 허정을 중심으로 약 4년간 청계천 복개계획을 세웠다. 그리고 1958년 9월 10일에 착공해 광통교부터 장통교까지의 450m 및 방산시장 앞 30m가 복개되었지만 공사는 그다지 진행되지 않았다. 서울을 중심으로 행해지는 청계천 복개공사의 진척은 늦은 편이었다. 그러나 1961년 5.16쿠데타를 일으킨 박정희 군사정권이 그 일을 이어받아 신속히 공사를 시행함으로써 이 공사를 계기로 군사정권은 국민으로부터 신뢰를 받게 되었다. 약 4년간에 걸친 도성 내의 청계천 복개공사는 대한민국의 정부가 발족한 이래 눈에 띄게 이루어낸 놀라운 공사였다. 당시 복개공사는 오염, 경관, 위생, 도로 등 도시문제에 대한 종합적인 면에서 보면 최대의 효과가 있는 것처럼 느껴졌다.

복개되기 이전의 청계천은 서울시의 고민거리였다. 몇 년인가에 한두 번의 대규모 준설을 하지 않으면 토사가 제방의 높이까지 쌓이거나 악취가 도성 내의 주민들을 괴롭히고 있었다. 그러나 청계천 복개공사가 끝나면서 지금까지의 고민이 완전히 해결된 것처럼 보였다. 당시에는 이것이야말로 완벽한 해결

청계천의 복개공사와 동시에 판잣집의 철거도 진행되고 있다.

복개공사가 진행되고 하천은 콘크리트로 덮이고 지하배수로가 되었다.

책이라고 생각되었던 것이다. 그 결과 정부는 서울을 중심으로 전국적으로 도시 하천의 복개공사를 행하게 되었다. 우선 청계천의 본류를 동대문까지 복개하고 동쪽의 마장동까지 늘려 1970년 초까지 공사를 완료시켰다.

이 공사로 인한 청계천 주변의 환경은 놀라울 정도로 개선되었다. 청계천의 하천변에 있던 판잣집이 모두 자취를 감추었던 것이다. 이때 청계천의 지류도 거의 복개되었다. 1995년 말까지 그 외에 하천의 복개공사도 행해져서 현재까지 복개된 서울의 하천이 많은데, 대부분이 1960년대에 행하여진 것이었다.

대한민국 전 국토로 나아가는 복개공사

당시에 인기가 있었던 복개공사는 서울에만 멈추지 않고 부산, 대구, 광주, 인천, 대전 등 도시의 시냇물은 거의 예외 없이 복개되었고 오늘날 도로나 주차장으로 사용되고 있다. 제주도의 산지천에서는 하천을 덮고 그 위에 3~4층 건물의 빌딩군을 건설해버렸다. 복개공사는 하천뿐만 아니라 경주나 남원의 역사 도시의 읍성의 해자(성 주변의 구덩이)까지 덮어버렸다. 대한민국의 하수도 역사에서 1960년대는 복개의 시대라 할 수 있다. 정확한 수치는 조사되지

복개공사가 완료하여 광대한 도로가 생겼다. 청계 6가에서 5가를 바라봄. 왼쪽의 긴 건물이 평화시장.

않았지만 전국에서 복개된 하천은 매우 많을 것이라고 추측된다.

고가도로의 건설

1967년에 청계천 본류의 복개공사가 거의 끝나고 본류 위에는 대로가 됨으로써 교통은 현저하게 개선되었다. 청계천이 복개되고 거기에는 폭 50미터의 도로가 되었다. 강남이 개발되기 이전 1960년대 후반까지는 폭 50미터의 넓은 도로는 서울에서는 청계천대로가 처음이고 유일한 곳이었다.

또 서울에서 처음으로 건설된 고가도로는 아현 고가도로였는데 그 경험을 기반으로 하여, 당시의 김현옥 시장은 청계천 위에 고가도로를 건설하여 유료화하는 것을 계획했다.

그 당시 일본은 1964년의 도쿄올림픽을 위한 도시정비사업의 일환으로서 수도고속도로의 건설이 완료되어 운용이 시작되고 있었다. 일본에서 많은 수로가 묻혀 하천 위에 고가도로가 만들어진 것은 이때였다. 한국에서 본 일본은 그것이 경제성장의 상징으로서 빛나 보였다. 당시 서울시장은 그 당시 대한민국을 대표하는 건축가 김수근 씨에 의뢰해 도쿄의 수도고속도로와 같은 계획

복개도로 위에 한층 더 고가도로의 건설이 시작되었다. 고가도로의 교각이 즐비하게 서 있다.

안을 요구했다. 그리고 1967년 8월 8일에 청계천 고가도로계획을 발표했다. 그 내용은 3년 안에 청계천을 중심으로 한 서울 중심부의 고가도로의 유료도로를 건설하는 계획안이었다.

여론을 바꾼 하나의 투서

“고가도로 건설의 재고를”이라고 하는 표제의 기사가 실렸다. 이 기사를 쓴 것은 서울시 도시계획 과장인 한정섭 씨였다. 그의 주장은 ‘고가도로는 도시 안에 들어와서는 안 되는 시설이며 사실상 필요가 없는 시설이다.’ 라고 하는 것이었다. ‘그만큼의 비용이 있으면 오히려 지하철을 건설해야 한다.’ 라고 주장했다. 이 투고는 큰 반향을 불러일으켜, 이로 인해 서울의 고가도로 계획안은 매우 축소됨과 동시에 유료화 계획이 취소되었다. 그 가장 큰 이유는 ‘조선 왕조의 중심지이며 그 상징인 광화문의 세종로를 고가도로가 횡단하는 것은 바람직하지 않다.’ 라고 하는 것이었다.

또한 유료화했을 때 어디에 요금소를 만드는지 그리고 요금소에서의 정체 문제를 어떻게 할지 등 곤란한 문제가 많아 실현할 수 없게 되었던 것이다. 그

그 당시에 고가도로는 근대화의 상징이라고 생각하여 환영되었다.

결과 청계천의 고가도로만 건설하게 되었다. 그 후 그 밖에 고가도로 건설이 최소화되고 대한민국에서는 지금도 유료의 고가도로는 없다.

이렇게 해서 1969년까지 청계 7가~청계 2가~을지로~명동성당 입구까지의 3,750m의 공사를 마치고, 1970년부터는 양택식 시장으로 바뀌면서 청계천 고가도로의 건설은 계속되어 청계 7가~청계 9가까지 공사가 이루어져 본선의 거리가 5,864m, 램프 25개, 램프의 연장 2,582m가 1976년에 완성되어 대한민국 고도성장의 심벌이 되었다. 이 청계 고가도로는 경제개발을 최우선으로 한 과제로서 강력한 정치력을 발휘한 박정희 정권하에서 '한강의 기적'이라고 말하는 대한민국의 고도성장을 상징하는 프로젝트였다.

고가도로의 이상과 현실

그 당시 청계천의 본류를 중심으로 서쪽의 청계 1,2가에 근대식 고층빌딩이 세워지고 4가에는 청계천을 남북으로 향해 세워진 세운상가라고 하는, 처음으로 필로티공간(지상층을 자유롭게 통할 수 있는 공간)을 시도한 복합건축이 건설되었다. 또한 성벽 밖의 6,7가에는 삼일아파트라고 하는 집합주택이 세워졌

고가도로에 평행한 긴 건물이 오늘날의 평화시장이다.(2001년 3월)

다. 이와 같이 청계천 주변의 공간은 근대적인 건축이 세워지고 서울 중심부의 근대식 공간 만들기가 진행되었다. 따라서 판잣집이 없어지기도 했지만 청계천의 모습도 완전히 사라져 버렸다.

따라서 청계천 주변의 판잣집은 자취를 감추고 환경오염은 소멸한 것처럼 보였다. 그러나 실제로 지하배수로 아래에는 이전과 같은 오염된 하수가 흐르고 있어서 청계천 주변과 고가도로 등의 공기와 물의 오염은 점차 심각한 사회문제가 되어 서울시민을 괴롭히기 시작하고 있었다. 현재의 청계천 주변 건물은 거의 이때 지어진 것이다.

청계천 위에 건설된 고가도로의 최초의 이름은 삼일고가도로였지만 1984년 11월 17일에 청계고가도로로 바뀌었다. 그런데 이 고가도로는 그 교각이 세워질 때부터 거대하고 답답하게 보여 결코 우아한 인상은 아니었다. 당시에는 포항제철이 없었기 때문에 철근이나 철판도 수입에 의지했던 시대였다. 당시의 건설 철학은 '적은 비용으로 많은 양을 건설한다.' 라고 하는 것이어서 이 청계고가도로도 그 설계단계로부터 염가의 시멘트를 많이 사용하여 고가의 철근이나 철판의 사용량이 적었다. 이러한 절약방침이 반영된 설계의 열악함이

평화시장의 1층은 당시부터 헌 책방의 거리풍경이었다.

그 후의 문제를 일으키는 주된 원인이 되었다.

또한 건설 당시에는 상상도 할 수 없었던 자동차의 증가와 통행량의 급격한 증가도 원인이 되었고, 이 고가도로는 실로 많은 보수를 반복하지 않으면 안 되었다. 건설 초기 서울의 자동차 총수는 불과 2만5천대 정도였지만 35년이 지나 2002년 6월 말의 자동차 총수는 260만대, 승용차만으로도 200만대에 이르고 있었다. 하루에 청계고가도로를 달리는 차만도 15만대 전후로, 청계고가도로는 구조적으로 자동차의 부하에 견딜 수 없는 상황에 이르고 있었던 것이다.

서울의 도시구조의 변화

이 시기의 서울에는 인구가 더욱 집중하였고, 이미 한강의 북부 청계천을 중심으로 한 구시가에서는 한강의 남쪽의 넓은 지역으로 사람들이 이동하기 시작하였다.

그곳은 강남이라고 하는 신흥도시로서 급성장을 이루고 있었다. 그곳에서는 지금까지의 성벽에 둘러싸인 아기자기한 도로와 달리 바둑판 모양으로 계획된 도로에 집합주택이 차례로 건설되어 갔다. 따라서 청계천의 거리는 그 후

1970년대부터 급성장한 신흥도시인 강남지역. 저층의 아파트가 그 당시 지어진 반포의 고급집합주택이다.

의 발전 이후로 뒤쳐지면서 점차 현저하게 노후화되어 갔다.

복원공사 직전의 청계천에는 1970년대 당시 경제발전의 상징이었던 고가도로를 시작으로 삼일빌딩, 세운상가, 삼일아파트 등이 스카이라인을 형성하고 있었다. 그 당시의 삼일아파트는 서울을 대표하는 근대화의 표본이었지만 주택이라고 해도 규모는 작고 설비도 낡은데다가 벌써 건설 후 40년이 지나 노후화되고 있었다. 노후화된 것은 고가도로만이 아니었던 것이다. 그리고 서울의 도시구조 자체가 이전에 비해 크게 변했다. 청계천을 중심으로 한 구시가의 노후화와 나쁜 환경 때문에 많은 사람들이 한강의 남쪽으로 새로운 거주지를 요구하면서 이동하기 시작하였다. 강남은 청결하고 기능적인 새로운 거리로서 급속히 발전하고 있었다. 정부도 그 움직임을 유도하여 한강에는 많은 다리를 건설하고 지하철도 강남으로 뻗어나갔다. 대한민국에서는 전 인구의 약 2분의 1이 수도권에 모여 있고, 게다가 그 반이 서울시민이라고 하지만 1975년에 680만 명이었던 서울시민이 1990년에는 1,000만 명을 넘었던 것이다. 그리고 그 서울시민의 약 반이 지금 강남에 살고 있다고 한다. 강남은 이 짧은 30년 동안 급속히 발전한 새로운 도시인 것이다.

계속해서 최신 고층빌딩이 늘어서 있는 강남의 비즈니스 거리(테헤란로)

1970년대부터 개발이 시작된 강남은 한국의 집합주택, 즉 아파트가 붐을 일으키기 시작했다. 그 무렵부터 부동산 사업이 번창하면서 현재까지 발전을 계속하고 있다. 특히 압구정동이나 청담동을 중심으로 급속히 발전하면서 누구나가 동경하는 지역을 목표로 하여 개발이 진행되었다. 고급 레스토랑이나 유명 부티크 등 세련된 호화로움이 넘치는 다양한 업종의 가게가 진출했다. 바둑판 모양으로 계획된 넓은 도로나 고층빌딩은 강북에서는 할 수 없는 현대풍의 도시를 만들어냈다. 게다가 올림픽경기장이나 올림픽공원의 조성에 의해 스포츠만이 아니라 문화 · 예술의 도시가 되었다.

비즈니스용 건물로는 한국종합무역센터나 55층 건물의 트레이드 타워, 코엑스로 불리는 한국종합전시장, 인터콘티넨탈 호텔, 도심공항터미널 등이 갖추어져 있다. 그중에서 코엑스 몰은 특히 젊은이에게 인기가 있는 복합시설이다. 또한 대한민국의 IT산업을 견학하기 위한 외국인의 견학코스로도 알려져 있다. 이번 청계천의 복원은 이렇게 급속히 발전하는 강남으로부터 청계천을 중심으로 하는 뒤처진 구시가의 재생을 위한 기폭제로 하려는 의도가 담겨져 있었던 것이다.

제 2 장

청계천 복원

2-1 복원의 계기

도로 밑에는 오염된 청계천이 흐르고 있다

지하배수로(암거)의 위험성

청계천은 1980년대 초부터 다양한 문제가 지적되고 있었다. 매스컴이 지적한 것은 지하배수로 안을 흐르는 하수에서 발생하는 메탄가스의 폭발 위험성이었다. 그리고 실제로 폭발을 일으키는 소동도 있었다.

서울시에서는 이 문제에 대해서 도로의 군데군데에 구멍을 뚫고 바람을 통하게 함으로써 폭발을 방지하려 하였다. 그러나 시민들에게는 청계고가도로가 폭발할 우려가 있다고 하는 소문이 퍼지고 있었다. 그런데도 서울시에서는 안전성에 문제는 없으므로 걱정하지 않아도 된다고 하였다. 시민들은 불안하기도 하지만 '설마' 하는 마음으로 청계천 복개도로와 고가도로를 달리고 있었던 것이다.

그러나 미군은 폭발을 예상하고 청계고가도로를 통과하지 않도록 지시하였다. 이 때문에 미군의 차량이 여기를 지날 일은 없었다. 위험을 예지하면서도 설마 이것을 철거하고 청계천을 복원하면서까지 시정할지에 대해 생각한 사람은 아무도 없었던 것이다.

이명박 회장의 결의

청계천 재생이 이렇게 빨리 실현된 것은 무엇보다도 당시의 이명박 서울시장의 결단력과 실행력에 의한 것이 크다.

이명박 회장이 18세에 상경했을 무렵 청계천의 거리는 선망의 장소였다. 청

청계천의 지하배수로를 시찰하는 이명박 회장

계천은 당시의 이명박 회장이 아르바이트하면서 공부에 전념한 추억의 장소이며, 뭐든지 살 수 있고 뭐든지 손에 들어오는 편리하고 즐거운 장소였었다. 그 추억으로 인해 청계천에 대해서 특별한 관심이 있었다. 그러나 이 회장도 애초에는 고가도로를 철거하여 하천을 복원하는 생각은 상상도 못하였다.

어렸을 적에 이명박 회장은 고학하면서 대학을 졸업하였고 당시의 '현대건설'에 입사했다. 현대건설은 특히 아시아 중동의 프로젝트로 큰 성과를 올려 경이적인 성장을 이루었다. 이 회사에서 이명박 회장은 특히 해외 프로젝트로 실력을 발휘하고 정주영 회장으로부터 인정을 받아 29세에 이사, 36세에 사장, 47세에 회장까지 올라가는 경이적인 승진이었다. 1992년에는 퇴사하고 국회의원이 되었다. 대한민국에서는 몇 번이나 TV드라마화 된 주인공이었다. "현대라고 하는 기업에서 나는 끝없이 일했다. 일하고 또 일했다. 이름 없는 중소기업이 대기업이 되어 세계적인 기업이 될 때까지"라고 말씀하고 있다.

1998년부터 1999년에 걸쳐 미국의 조지워싱턴대학의 객원연구원으로 계셨을 때 하나의 운명적인 만남이 기다리고 있었다. 그것은 보스턴의 '빅딕' 프로젝트였다. 이 프로젝트는 도시를 분단하고 달리는 그린몬스터로 불린 고가도로를 철거하고 자동차를 지하의 전용도로로 달리게 하고 지상은 큰 공원으로

고가도로의 보수

노후화한 교각

개조하는 대담한 계획이었다. 이것이 청계천 재생의 힌트가 되었던 것이다.

이 회장은 청계천 복원을 위해서는 스스로 서울시장이 될 수밖에 없다고 생각했다. 이때부터 전문가와 함께 청계천의 지하배수로에 들어가 조사를 시작했다. 지하배수로 안에는 아무도 모르는 진실이 있었다. 우선 안전성의 문제였다. 10m 간격으로 지어진 콘크리트의 기둥은 심각한 부하를 받고 있었다. 그것들은 지하배수로 위의 도로와 달리는 자동차 그리고 콘크리트 덩어리인 고가도로와 그 위를 달리는 차량을 이중으로 지탱하고 있었던 것이다. 일부의 기둥은 누가 보더라도 알 수 있는 부식이 진행되고 있었다.

철근이 부식한 곳은 모르타르로 수리되고 있었지만 차가 달리면 지하배수로의 교각은 격렬하게 진동하고 이 상태로는 위험하게 느껴졌던 것이다. 지하배수로의 조사에서는 매스컴, 구조전문가 등 여러 분야의 전문가도 동행하여 서로 확인했다. 또한 역사 유산인 광통교 아래에서는 석조의 조각이 오물로 덮여 있는 것을 보았다. 청계천이 덮여 가려진 후의 약 40년간 광통교는 사람들의 기억으로부터 잊어버려졌던 것이다.

그날부터 이 회장은 지하배수로를 덮고 있는 콘크리트 구조물을 철거하지 않으면 안 된다고 굳게 다짐한 것이다.

2-2 시장선거의 쟁점

빌딩 사이를 달리는 청계고가도로

서울시장 선거를 계기로

2002년 6월 13일의 지방선거를 계기로 청계천복원사업은 많은 사람의 시선을 끌었다. 그때 서울시장 선거의 논쟁은 청계천복원사업이었다. 서울시민뿐만 아니라 대한민국 전 국민의 관심이 쏠렸던 것이다. 이때의 서울시장 후보로는 이명박 씨와 김민석 씨였는데, 이들은 서로 청계천 복원을 둘러싼 정반대 정책의 입장을 보였다. 그 결과 청계천 복원을 둘러싼 문제점은 더욱 구체적으로 밝혀졌다. 이명박 후보는 "청계천 내에는 방독마스크를 쓰고 들어가지 않으면 안 될 정도로 오염이 심각하고, 또한 청계고가도로의 안전성도 심각하다. 청계천 내의 강제환기에서 나오는 가스를 서울시민 모두가 들이마시고 있는 것이 현 실정이다."라고 청계천 복원이 급선무인 것을 호소했다.

이에 대해 김민석 후보는 "그렇게 심하지 않은데 가스폭발 등의 도발적인 말을 사용하여 방독마스크를 쓰고 청계천에 들어가는 등 위험한 분위기를 조성하고 있다."라고 비난했다. 이 선거전을 통해서 청계천복원사업은 이명박 후보의 대표적 선거공약이 되어 환경을 생각하는 후보라는 이미지로 바뀌었다. 한편, 김민석 후보는 서울시민의 대부분이 청계천복원사업에 찬성한다고 하는 여론에 당황함을 보이고 원칙적으로 찬성의 입장을 보이면서, 대책의 불충분

정체하는 청계도로와 청계고가도로

으로 공격할 만한 것이 없어 소극적인 대응으로 시종일관하였다.

2002년 6월 매스컴을 무대로 한 토론회에서도 청계천복원사업을 둘러싼 논쟁의 공방이 있었다. 이때 이미 이 후보에게는 청계천복원사업에 대한 구체적인 계획안이 있었고, 그것은 시민을 충분히 납득시킬 수 있는 내용이었다. 이에 대해서 김 후보는 이명박 후보를 비난할 수밖에 없었다.

이 후보는 진취적 기상과 아이디어가 풍부했었다. 청계천복원사업을 아직 아무도 생각하지 않았을 때에 또한 생각한다 해도 실행하는 것은 거의 불가능할 것이라고 생각되었음에도 불구하고, 그라면 꿈을 현실로 이루어주는 인물이라고 생각되었다. 한편, 김 후보는 누구라도 알고 있는 것을 반복하면서 그대로 변경하지 않고 이어가는 사람이라고 생각함으로써 승부는 누가봐도 확실하였다.

신문에 게재된 두 명의 후보자의 주장은 다음과 같다.

이명박 후보의 주장

이 후보의 주장은 다음과 같았다. '청계천복원사업은 필연적인 사업이다. 낡은 고가구조물이기 때문에 보수하더라도 안전을 보장할 수 없으며, 따라서

배기가스로 말미암아 여름에는 히트아일랜드 현상과 오염이 심각했다.

청계지역을 개발하지 못하고 도심과 강북 경제가 침체하고 있다.'

'복원의 청사진으로는 2004년에 착공하여 매년 3,600억 원을 투입해 깨끗한 물이 흐르는 청계천의 양측으로 3차선씩 양측 6차선의 도로를 건설한다. 청계천이 복원되어 수변공간이 생기면 쾌적한 도시환경이 조성된다. 복원공사 때의 교통대책으로는 차량을 종로, 을지로, 퇴계로로 우회시키고 양측의 상가 주변에 2~3차선을 확보한다.'

'예산도 문제없다. 청계고가도로 보수비용 천억 원과 신청사 기금 1,400억 원을 이미 확보하고 있다. 시정에 경영기법을 도입해 예산을 절감하면 충분히 조달할 수 있다. 또한 재개발에 민간투자 11조 원을 유치하면 30조 원의 부가가치를 창출할 수 있다.'

김민석 후보의 주장

이에 대해시 김 후보의 주장은 다음과 같았다. '고가도로를 없애면 교통혼잡은 분명한 것이며 교통대책 비용이 매년 5,300억 원에 이를 것이다. 대책 없이 청계천을 복원하면 서울의 강북 도심의 동서를 묶는 퇴계로, 을지로, 종로, 율곡로, 장안로 등 모두 움직일 수 없는 주차장화가 될 것이다.'

청계 6가에서 7가를 바라봄(2001년 3월)

'예산도 청계천복원사업보다 육아, 교육, 오염문제 등 생활형 과제가 우선적이다. 또한 청계천 주변 상인들의 반발도 적지 않다. 공사가 끝날 때까지 몇 년 간은 온전히 영업할 수 없는 것과 복원 후에도 옛날 그대로의 일터가 있을 가능성도 없기 때문이다.' ('국민일보' 2002년 6월 3일자에서 인용)

이 논쟁을 거쳐 이명박 후보의 주장이 시민의 마음을 이끌고 승리는 확실하였다. 또한 이 후보는 다음과 같은 청계천 복원의 기본방침을 발표했다. '서울시는 청계천 복원에 의하여 생명의 근원인 물의 순환체계를 회복시켜 자연의 재생능력에 의해 생태계를 복원하여 "자연이 있는 도시 하천"을 조성한다. 이 복원사업은 역사(전통), 문화(현대), 자연(미래)이라고 하는 3개의 큰 시간축을 구성하여, 시점으로부터 2km까지는 역사와 전통을 중시하고 2km 지점으로부터 4km 지점까지는 문화와 현대를 중심주제로서, 4km 지점에서부터는 자연과 미래의 개념을 도입한다. 3구간은 8개의 중점경관을 포함하도록 구성하여 여기에 다시 생태와 거리의 모듈을 적용한다.' 이 후보의 주장은 단순한 하천의 복원이 아닌 새로운 도시계획으로서 시민의 마음을 끌었던 것이다.

다이내믹한 청계천 2가 주변의 고가도로 입구

착공까지의 준비

서울시장 선거의 결과 이 후보는 당선이 되고 서울시장이 되었다. 다음날의 6월 14일 시장으로 당선되고 첫 기자회견을 통하여 청계천복원사업을 최우선으로 하는 강한 의사를 재차 표명했다. '취임 후 즉시 청계천사업을 집중적으로 검토해 1년 6개월 이내에 반드시 착공하고 임기중에 완공한다.' 라고 하는 강력한 발언으로부터 시장의 일을 출발했던 것이다.

2002년 7월 1일 취임 직후부터 청계천복원사업의 조직 만들기에 착수하고 그 명칭을 '청계천 복원 추진본부' 라고 했다. 이 조직은 크게 나누면 복원행정기획단, 복원사업추진단에 의해 구성되었다. 특히 청계천의 복원에 대해서 연구해 온 서울대학의 양윤제 교수를 본부장으로 임명하고 청계천복원사업의 추진에 전문성을 두었다.

복원행정기획단은 청계천 복원의 기본계획과 문화재의 복원, 교통대책의 사업을 담당했다. 한편, 복원사업추진단은 고가도로의 철거나 강물, 생태계 주변의 도시계획을 담당했다. 또한 청계천 주변 상인들과의 갈등을 해결하기 위해서는 복원행정기획 단장과 관리담당자를 신설하는 등 조직을 보강해 청계천 복원사업의 체제를 구축했다.

2-3 복원의 필요성과 효과

청계고가도로는 서울의 구 시가의 발전을 저해하고 있었다.

한계에 이른 도로

이렇듯 복개도로 지하공간의 유해가스에 의한 서울 시내의 공기악화와 청계고가도로의 노후화로 대규모 사고가 발생할 우려가 있는 현실을 타개하기 위해 고가도로를 철거하여 청계천을 복원하는 것에 대해 모두가 공감하고 있었다. 또한 이것은 서울의 역사와 문화, 환경을 복원하여 한강 남쪽의 강남지역과 북쪽의 강북지역의 균형적인 발전을 추구하려는 적극적인 의미도 밝혀졌다. 이 프로젝트가 목표로 하는 것은 안전, 환경, 문화, 산업의 4개의 관점으로 정리할 수 있다.

(1) 구조물의 안전성

첫 번째로는 시민의 안전, 즉 구조물의 안전성이지만 1958년부터 건설하기 시작한 청계고가도로와 복개도로의 구조물은 30년이 경과해 1991년부터 서울시가 안전진단을 시행한 결과 안전성에 큰 문제가 있는 것을 인식하고 장기에 걸쳐서 보수공사를 해왔다. 매년 복개도로와 고가도로 구간의 보수 · 보강에 소비되는 경비나 환경 등, 장기적으로 생각하면 전부 부수어 새로운 것을 만드는 것이 경제적이라고 판단했던 것이다. 즉, 복원밖에 없다. 청계천의 복원에

청계천 주변의 아파트는 노후화되고 있다.

의해서 고가도로와 복개도로의 구조물의 노후화에 의한 근본적인 안전문제를 해결할 수 있다.

(2) 도시환경의 개선

두 번째로 도시환경의 시점이다. 청계천의 지하배수로에 흐르는 하수로의 오염수와 거기로부터 발생하는 가스 및 지상의 과다한 차량으로부터 발생하는 오염공기는 시민에게 더욱 큰 피해를 가져오고 있었다. 청계천 복원에 의해 거대한 하수도가 도시형의 자연하천으로 다시 태어나면 도심의 대기오염이 많이 감소된다. 청계천 수변에 생태공원을 조성함으로써 시민에게 깨끗한 하천과 휴식의 장소를 제공할 수 있다. 따라서 사람과 자연을 중심으로 한 좋은 환경의 지역도시가 조성된다.

(3) 역사와 문화의 회복

세 번째로 청계천은 콘크리트로 덮음으로써 서울의 긴 역사와 문화가 사라지게 되었다. 이 역사와 문화를 회복하는 중요성을 점차 이해하게 되었다. 청계천 복원에 의해 광통교나 수표교 등의 청계천에서의 문화유적의 복원, 전통

청계 7가 주변 청계고가도로. 휴일은 텅 비어 있다.

적인 문화행사의 재현, 문화유적과 연관된 문화공간을 마련하는 것 등을 통해서 600년 서울의 역사와 문화가 소생한다.

또한 서울의 심벌이라고 하는 북악산이나 남산 등과 어깨를 나란히 하는 도심하천의 축으로 변화함으로써 수변문화 거리를 조성하면서 고궁 외의 도심과 연계한 문화공간을 재생할 수 있다.

(4) 지역의 활성화

네 번째로 6.25전쟁 후 약 50년이 지나 노후화한 청계천 지역의 산업구조를 변경하여 도심경제 활성화를 위한 개발을 이끌 수 있다. 또한 강남지역과 강북지역의 균형적인 발전에 한층 이바지한다는 데 의미가 있다. 게다가 이 지역을 국제금융, 문화산업, 패션, 관광산업 등 마케팅의 공간으로 이용함으로써 새로운 경제 중심지의 역할을 완수하는 계기가 된다.

이상과 같이 도시형 자연하천의 복원에 의해 수변水邊 문화공간이 조성되어 도시의 모습이 크게 변모한다. 청계천에 산책하러 나간 사람들은 자연의 경치를 보면서 느긋하게 쉬고 주변의 상가 등에서 쇼핑도 즐길 수 있는 동시에 어린이들도 물장난을 할 수 있는 도시형 자연하천으로 복원된다. 또한 서울의 역

역사적인 청계천 복원공사 기공식

사문화유적(고궁)과 종로, 동대문 패션쇼핑센터, 을지로를 잇는 새로운 관광자원을 창출한다. 매년 청계고가도로와 청계천로의 복개구간의 보수 · 보강에 걸리는 경비보다 환경과 편리성을 생각하면 장기적으로는 시민의 세금부담이 적게 드는 한편 편리성이 확대될 것이라고 기대한다.

2-4 복원에 수반하는 문제점

보도는 노점상에 점령되었다.(2001년 3월)

이 사업을 추진함에 있어 큰 문제가 나타났다.

(1) 교통문제

첫 번째 문제점은 교통이다. 공사기간 중 제일 영향을 많이 받는 것이 교통이다. 이렇듯 시민의 불편함 때문에 교통학회가 중심이 되어 7월 1일에 행해지는 복원공사의 착공을 반대했다. 또한 경찰청이 결정할 사항임에도 불구하고 서울시가 일방적으로 발표했다고 해서 중앙정부와의 사전협의의 미비함이 드러났다. 게다가 시민단체가 시민의 불편함을 이유로 복원착공에 반대하기 시작했다.

이에 대한 서울시는 공공교통체계의 개편이나 협조체계의 구축에 의해 차량정체를 방지하는 방법을 제안했다. 그 결과, 2003년 7월 1일 0시부터 청계고가도로 4차선과 청계천로 8차선, 합계 12차선 중 8 차선을 통행금지하기로 했다. 서울시에서는 청계천로로부터 차를 우회시키기 위해서 이미 여러 가지 대책을 분명히 내세우고 있었는데 공사 중의 교통대책으로는 무료셔틀버스의 운행 등을 실시했다.

육교 위에서도 노점상이 줄지어 있다.(2001년 3월)

복원공사에서 가장 큰 영향을 받는 것은 청계천로 양측에서 장사를 하고 있는 정착상인, 노점상인, 시장사람들이다. 시에서는 그 대책으로 청계천 가까이에 주차장을 연결하는 무료셔틀버스를 운행하기로 했다.

(2) 상인과 노점상의 문제

상인들 문제는 여러 가지 복잡한 문제가 있었다. 가게는 작아도 자신의 가게가 있는 사람과 셋집에서 영업하고 있는 사람의 입장이 다르고 업종에 따라서도 입장이 달랐다. 전체적으로는 청계 5,6가의 의류를 판매하고 있는 동대문시장의 상인은 복원에 대해서 적극적으로 찬성한 반면에 3,4가의 공구 조명기구의 상인들은 필사적으로 반대했다.

청계천 상권수호대책위원회는 청계천 복원에 의한 문제는 청계고가도로와 청계천로 철거에 의한 차량정체 공사에 의한 소음 · 먼지로 인해 상권에 많은 영향을 준다고 판단하여 반대운동을 하였다. 그러나 복원공사의 대상구간이 현재의 도로폭 이내로 한정되어 주변 건물은 철거하지 않는 것이 복원공사의 전제조건이었다. 또한 현행의 법률상 상점에 대한 보상은 불가능했다.

노점상은 뿌리 깊게 살아 있고, 거기에는 서민의 활력이 넘치고 있다.

이러한 주변 상점의 강한 반대에 대하여 이 시장은 차례로 생각하고 실천하였다. 청계천의 도로폭을 유지하고 청계천로 양측으로 2차선 및 조업공간을 확보하며 동대문운동장에 주차장을 설치하고 공사기간 중에는 무료셔틀버스를 운행하여 청계천 주변상권을 활성화시키는 제안을 하였다. 또한 건물의 증개축 등 재래시장의 환경개선사업비를 무상으로 지원하는(8억 원까지) 등 시장 근대화를 위한 재개발사업비 융자 지원(100억 원까지)을 시행하고, 소기업 및 소규모 상인을 위해서 경영안정자금 융자를 지원하는(4년간 3,600억 원) 방안을 세웠다.

서울시 공용물품을 청계천 주변에서 우선 사고, 청계천 상인의 자녀에게 장학금을 지급하는 등 꼼꼼한 정책을 내세워 상인들을 이해시켰다. 또한 이주 희망 업종에 대한 대책도 있었고 상인이 희망하는 지역을 대상으로 부지 선정, 행정적 · 재정적 지원을 하는 동시에 문정지구에 15만평 규모의 유통단지 조성을 추진하고 이주시킬 계획을 세웠다.

또한 기획단은 상인대책팀을 만들어 청계천의 전 구간을 하루에 3, 4회 돌면서 주위 상인들과 친분을 맺는 것을 목표로 하였다. 반대하는 상인들의 나쁜

상인의 반대 간판 '준비 안 된 청계천 복원, 10만 영세상인 다 죽인다'

반대운동의 데모대

동대문운동장. 축구장 트랙부분은 노점상, 운동장은 주차장이 되었다.

감정을 없애기 위해서는 계속적으로 만나면서 좀 더 다가간다는 전략이었다. 그리고 결과적으로 이러한 충실한 설득에 의해서 상인들을 찬성으로 유도했던 것이다.

상점의 문제는 이와 같이 해결했지만 복원공사 개시를 위해서는 한층 더 큰 장애물이 있었으니, 바로 노점상들의 문제였다. 청계천의 복원으로 가장 절망적이라고 생각되고 있던 것이 이 노점상 문제였던 것이다. 청계천 주변은 서울에서 노점상이 가장 많은 곳으로 1,000점 이상의 노점상이 장사하고 있었다.

상인들은 집세나 세금을 내고 있었지만 노점상은 시유지인 도로를 불법으로 점거하고 장사를 하면서 집세나 세금을 내지 않았다. 이것은 분명하게 불법행위이다. 복원 후의 환경이 바뀐 상태에서도 그대로 내버려둘 수 없는 상황이었기 때문에 장래 정비의 대상이었다. 그렇다고 해서 법을 그대로 융통성 없이 집행할 수도 없었다. 불법으로 장사하고 있는 사람들이지만 그들도 살 권리가 있기 때문에 문제는 복잡해지고 청계천 복원 반대는 격렬함이 더해 가면서 혼란을 불러왔던 것이다.

그러나 복원공사 초기의 단계에서는 교통문제나 상인대책 등이 서로 얽히

노점상을 받아들인 축구장은 거대한 시장이 되었다.(2005년 11월)

는 등 교섭이 어렵다고 판단하고 상인대책과 교통대책을 어느 정도 수습하면서 청계고가도로가 철거된 후에 논의하는 방책을 세웠다. 건설기획국의 노점상 정비가 시작되자마자 반대운동이 격렬해지고 일부의 노점상 등은 도로에 방화하는 등 격렬한 데모를 했다. 그러나 이 시장은 노점상 대표와 교섭을 하는 과정에서 주차장으로 사용되고 있던 동대문운동장을 노점상을 위해서 제공하겠다고 제안했다. 노점정책에 대한 획기적이고 전례가 없는 이러한 제안을 노점상이 받아들임으로써 격렬한 투쟁은 끝이 났다. 이렇게 하여, 이 시장은 취임 1년 후의 2003년 7월 1일의 착공까지 다양한 문제들의 고비를 넘기고 예정대로 청계천복원사업을 시작하게 되었던 것이다.

(3) 환경과 경제성

세 번째 문제점은 환경정비를 중심으로 하는 복원의 논리와 경제발선을 중요시하는 재개발 논리의 충돌이다.

청계천 복원의 논의는 당초 생태환경의 보존이라고 하는 목표로부터 시작되었지만, 주변지역의 재개발과 함께 여기에서 발생하는 경제효과에 대한 기

여러 가지 가게가 북적거리는 노점상

대도 적지 않은 상태이다. 그러나 이익이나 경제적인 효과 때문에 이전과 똑같이 고밀도의 개발을 해나가면 청계천 복원의 의미는 크게 손상된다. '따라서 환경보호의 원칙이 최우선이 되어야 하는 것이 당연하다.' 라고 하는 의견과 '복원과 재개발 문제를 함께 생각해야만 이 지역의 환경사업적, 균형적인 발전이 가능하다.' 라고 하는 의견으로 나누어졌다.

청계천을 자연하천으로 복원하여 주변지역을 저밀도로 재개발하는 것은 바람직한 것이지만, 그것만으로는 복원사업으로서 성립되기 어렵고, 이 경우 복원과 재개발에 막대한 공적자금의 투입이 필요하고 복원 자체가 어려워질 가능성도 있다. 결과적으로는 쌍방의 의견을 조화된 형태로 사업이 진행하도록 하였다.

2-5 고가도로의 철거와 하천의 재생

고가도로가 철거되어 푸른 하늘이 나타났다.

고가도로가 없어졌다

2003년 7월 1일 청계고가도로의 철거와 동시에 복개도로의 일부도 철거되어 청계천의 모습을 나타냈다. 이때 필자는 서울에서 여름휴가 중이었는데 묘한 기분으로 가슴이 두근거렸던 기억이 있다. 청계고가도로는 어렸을 때부터 익숙한 모습으로 있어서 당연한 것이 돌연 없어지는 것에 대해 쓸쓸한 반면 고가도로가 없는 모습도 기대가 컸다. 공사가 진행되고 있는 곳은 고가도로가 없어져 하늘이 훤히 펼쳐져 보였다. 그 모습은 정말로 신비했다. 지금까지 보이지 않았던 남북의 경치가 보기 좋게 잘 보이고 시원한 공간이 되었던 것이다. '정말로 없어졌군' '이것이 꿈인가 현실인가' 라고 느끼게 하는 그 풍경이 나에게 있어서는 감개무량했다.

청계천 복원을 위해서는 우선 기존의 각종 구축물을 철거해야 했다. 철거공사는 고가도로의 구조물 5.86km, 복개구조물 5.48km, 차집관거 5.0km, 하수지하배수로 0.30km의 철거 등 4단계로 정리된다.

상부 구조물만으로도 1단계는 램프구간 철거, 2단계는 고가도로의 바닥판 철거, 3단계는 고가를 지지하고 있는 교각의 철거, 4단계로 청계천을 가리고 있는 구조물의 철거가 필요했다.

복개도로의 콘크리트는 노후화되고 있었다.

복개도로의 철거공사는 급속하게 진행되었다.

복개도로가 철거되어 가고 있다.

하천의 모습이 점차 보이기 시작했다.

청계천 재생을 위한 용수공급도

철거된 구조물은 청계고가도로와 삼일고가도로, 복개도로, 고가를 지지하고 있는 교각 371개, 복개도로의 교각 6,700개, 램프 10개소, 육교 7군데에 이르렀다. 철거공사는 제 1공구工區가 태평로 입구~광장시장(2km), 제 2공구가 광장시장~난계로(2.1km), 제 3공구가 난계로~신답철교(1.7km)로 나누어서 진행되어 2003년 7월 1일의 착공과 동시에 각 공구별로 3쌍씩 합계 9조 가동시 철거작업에 임해 27개월이라고 하는 최단의 공사기간으로 종료했다.

물의 확보

드디어 청계천 복원공사에 들어갔지만 문제는 여기에 흘리는 물이었다. 옛날처럼 지류로부터 깨끗한 물이 모이는 상황은 아니다. 그래서 생각한 것이 우선 청계천 하류에 있는 뚝도정수장에서 정화된 한강의 물을 펌프로 끌어올리는 방법이다. 그리고 비상시에는 청계천과 중랑천의 합류점에 있는 중랑하수처리장의 물을 사용하도록 하였다. 그러나 이것으로 얻을 수 있는 수량은 1일 9만8천 톤이며 필요한 12만 톤에는 조금 부족하다. 여기서 다음에 생각할 수 있던 것이 청계천 주변 지하철역에서 솟아나오는 지하수를 모으는 것이었다. 이것으로 2만2천 톤의 물을 얻을 수 있다는 것을 알 수 있었다. 이렇게 해서 수

청계천 복원 후의 단면 이미지

심 40cm의 수량을 확보했던 것이다.

홍수대책

한편, 청계천은 예부터 큰 비가 올 때마다 홍수로 골치가 아팠다. 따라서 이를 위한 홍수대책도 생각해두지 않으면 안 된다. 서울시는 도로포장 때문에 빗물이 지하에 스며드는 양이 적어 큰 비가 내릴 경우 홍수의 위험성이 높아지고 있다. 청계천의 치수治水계획은 200년 수위, 50년 수위, 평수위를 추정해 치수계획을 세웠다. 즉, 최대 200년에 한 번 있을 수 있는 강우가 1시간에 118mm의 집중호우에도 견딜 수 있도록 하천의 폭이나 제방의 높이를 확보한 단면으로 계획되었다. 또한 산책로와 저수로 외에 큰 비 등에서 하천유량이 증가했을 때 홍수를 막는 고수부지高水敷地도 설치했다.

청계천의 하천폭과 제방의 높이는 장소에 따라 가지각색이다. 실제의 유로流路의 폭은 약 5m~80m까지로 되어 있다. 그 폭은 3단계의 폭으로 되어 있지만 평상시에 볼 수 있는 저수위의 유로폭은 약 5m~30m로, 200년 수위의 평균유량은 약 20m~80m의 폭으로 되어 있다. 제방의 높이는 하단고가 1m~4.1m로, 상단고는 2.3m~6.5m이다. 이러한 유로의 폭과 제방의 높이는

청계천의 복원공사 계획안

1
공사용 방호벽 설치

2
고가도로 및
복개도로 철거

3
고가교각 철거
지하배수로 설치

4
하천 조성 및 다리 설치

5
하천 및 조경 조성

다리 밑에 있는 6개의 수문을 열어 배수에 의해 청계천으로 흐르게 함으로써 주변시가지의 범람을 막고 있다.

홍수의 빈도를 계산해 산출한 수치다. 저수부지低水敷地의 경우는 연간 13회, 고수부지의 경우는 연간 3회의 홍수를 추정한 높이로 되어 있고 단면계획은 3개의 패턴으로 되어 있다. 시점부~삼일로, 삼일로~고산자로, 고산자로~신답철교의 구간에는 각각의 특징을 가지면서 변화를 보이고 있다. 청계천의 하천 바닥은 유지용수維持用水를 흘려도 끝까지 흐르지 않고 복류 또는 침투해버린다. 그것을 방지하기 위해서는 저수로의 깊이 1m 정도에 인공적으로 차수벽과 차수막을 설치하고 있다. 이 차수벽과 차수막은 두께가 60cm로 1구간과 2구간에만 설치되어 있고 3구간은 자연생태계의 구역이기 때문에 자연에 맡기고 있다. 침투율은 3% 이하로 계획하고 있다.

하수도계획

청계천은 도시형 자연하천을 목표로 한 것이어서 평상시 보이는 것은 어디까지나 청류이지만 동시에 하수의 역할도 담당하고 있다. 서울시의 배수는 분류식이 13%이고 87%가 합류식이다. 청계천은 홍수가 일어나면 오수가 넘쳐 청계천에 직접 흘러들어 오게 된다. 즉, 빗물 및 하수를 위한 합류식 처리시스

2차선의 차도 외에 주변 상점의 업무차량을 위해서 2m의 공간이 확보되고 있다.

템이다. 합류식이라면 평상시에는 하수가 주변의 건물로부터 흘러가 차집관거(지하에 매설하고 뚜껑이 있는 수로 또는 배수구)에 흘러든다. 1시간당 20mm까지 내리는 강우의 경우에는 관거管渠:하수도에 사용하는 도관에 흐르지만 20mm를 넘으면 하천 본류에 흘러 하천수와 합류한다.

강우 시 초기에 발생하는 오염도가 높은 초기 오수가 그대로 청계천에 흘러들어 오면 복원된 청계천의 생태계가 파괴되기도 한다. 이 때문에 초기 오수를 모아 간이하수처리시설에 보내기 위해 시간당 20mm 강우의 빗물을 처리할 수 있는 대형 지하배수로를 설치했다. 하수관은 건기의 진흙침전을 막기 위해서 적절한 유속을 유지할 수 있도록 하였고, 아울러 청계천의 하수도 정비는 하수관이 청계천 복원구간 내의 발생 최대 하수량의 3배를 처리할 수 있도록 설계되었다. 합류식 하수시스템이란 오수와 빗물을 같은 관로에서 하수처리장까지 흘리는 하수도를 말한다. 이 시스템에서는 빗물이 씻어 흘린 노로 위의 오탁물질도 하수처리장에서 처리할 수 있고 관로가 하나로 끝나기 때문에 정비비용이 저렴하고 효율적이라는 이점이 있다. 그러나 우천이나 해동의 경우에는 일정량을 넘는 오수가 미처리인 채로 방류되어 대장균의 증가 등 수질환

지상에서 하천으로 내려가는 계단형식의 접근로 23개소가 설치되었다.

경의 악화를 초래하는 문제가 있다.

도로 · 접근로 계획

지상의 청계가로 계획은 보도가 1.5m로 차도는 3m 폭의 2차선, 제한속도는 시속 50km로 되어 있다. 또한 주변상가의 영업에 대한 편의와 화물운송차 등의 업무차량용 주차장 등 시민 편의기능을 최대한 확보할 수 있도록 2m의 공간이 확보되어 있다. 청계천을 남북으로 건너는 다리는 22곳에 설치되어 있지만 보도교가 8곳, 도로교량이 14곳에 설치되었다.

상가 이용과 하천 산책로의 왕래를 위해서 접근로를 만들었다. 계단형식이 23곳, 휠체어로 상하 이동할 수 있는 장애인용의 슬로프 형식이 7곳, 엘리베이터가 2곳에 설치되어 있다. 계단형식의 접근로는 큰 비가 내렸을 때 물이 통과하기 쉽게 하기 위해 계단 사이의 틈새가 비어 있는데, 이것은 치마를 입은 여성들이 곤란한 상황에 처하게 되었다고 한다. 그 대책으로 2007년 2월에 아래에서 보이지 않도록 개선하여 안심하고 계단을 이용할 수 있도록 하였다.

2-6 되살아난 문화재

복원공사로 발굴된 다리의 유적

역사유산의 회복

청계천 복원에 의해 600년에 걸친 서울의 역사와 문화가 소생한다. 청계천의 노면 아래에는 조선왕조시대의 유적이 몇 개인가 남아 있었다. 그것들을 발굴 보존하는 것과 동시에 당시의 광통교나 수표교 등 돌다리 유적이 복원되었다. 또한 청계천을 무대로 한 전통행사인 답교나 연등행사 등도 행하여짐으로써 현재의 문화가 자연과의 조화를 이루는 도시로 다시 태어날 것이라고 생각한다. 이를 계기로 서울의 새로운 경제재생이 기대되고 있다. 아름답게 소생한 청계천은 관광명소가 되고 상점이나 음식점, 호텔 등도 활발해질 것이 틀림없다. 청계천의 환경재생에 수반하여 주변상가의 정비와 재개발이 진행되면 서울 경제가 활성화 될 것이 기대되었다.

21세기는 환경과 경제가 공존하는 시대이다. 아름답게 복원된 청계천 주변에 역사와 문화를 토대로 한 대한민국 고유의 시장과 최첨단 정보기술 및 국제화의 중심이 되는 상업지역이 형성되어 서울의 경제는 한층 발전할 것이라고 생각할 수 있다.

복원된 광통교

유서 있는 석교의 복원

청계천 복원 목적의 하나는 역사적인 유물을 발굴하여 전통적인 문화와 현대적 문화를 공존시키는 것이다. 여기에 적합한 역사적인 유물인 조선왕조시대의 개성이 풍부한 석교를 들 수 있다. 100년 전까지 서울 도성 안에는 청계천과 25개의 지류에 돌루 만들어진 86개의 다리를 건설하였다. 청계천의 본류만으로도 광통교 부근에서부터 동대문 사이에 25개의 다리가 있었다. 모두 예술성이 뛰어난 역사유산이었다. 그 대표적인 다리가 모전교다.

또한 도성 안에서 제일 폭이 넓었던 다리에서 정월 15일 전후로 다리밟기 풍습이 행하여진 광통교, 문명개화기에 관인이 살았다고 여겨지는 장통교, 정월에는 연날리기의 중심이었던 수표교 또한 광제교, 하랑교, 새다리, 효경교, 태평교(마전교, 오교), 한양 도성의 일부인 오간수교, 금청교, 혜정교, 영도교 등이 있었다. 이러한 다리는 1958년부터 1978년까지 광교로부터 마장동 사이의 청계천이 콘크리트로 덮임과 동시에 사라져 버렸다. 그러나 수표교만이 장충단 공원에 옮겨져 있었기 때문에 완전하게 보존되고 있다. 광통교는 그대로 남아 있었지만 콘크리트로 덮여 도로 밑에 있었기 때문에 그 모습이 안 보였던

광통교의 교각에는 신상의 조각이 선명히 남아 있다.

것이다. 이 때문에 청계천 복원에 의해서 재현 가능성이 있는 다리는 수표교와 광통교인 것을 알 수 있다. 또 지금도 광교, 장교동, 수표동이라고 하는 지명은 100년 전 다리의 이름으로부터 유래한 것이다.

그렇다면 청계천의 다리 가운데 재현의 대상이 된 두 개의 다리에 대해서 자세하게 알아보자. 수표교는 청계천 복원 후에는 원래의 위치에 복원될 예정이지만 다른 다리는 새로운 디자인으로 만들어지게 되었다.

임금님이 다닌 '광통교'

광통교는 도성 내를 남북으로 연결하는 중심도로에 위치하고 있었다. 왕이 성묘나 성 밖으로 나올 때에 이 광통교를 이용했다. 중국으로부터 사신이 왕래할 때도 근처에 있는 돈의문을 이용하지 않고 우회하며 숭례문을 지나 이 광통교를 건너서 궁전에 들어갔다. 이 때문에 광통교는 왕이나 사신의 행렬을 왕래할 수 있을 정도로 도성에서 제일 큰 다리였다. 광통교가 처음으로 만들어진 것은 조선시대 초에 도성 건설 시 흙으로 만들어진 다리였다. 그러나 1410년 (태종10) 8월에 호우에 의해 다리가 떠내려가고 사람이 익사한 피해가 발생하

수표교. 현재는 장충단공원에 보존되고 있다.

여 옛 정릉의 묘석을 사용하여 석교로 다시 건설되었다.

1958년 청계천을 복개할 때에 광통교도 복개되어버렸지만 이번의 복원공사에 의해서 가까이 관찰할 수 있게 되었다. 특히 교각에는 정릉의 묘석에 사용된 신장석 구름문양과 당초문양이 새겨진 묘석이 그대로 남아 있어, 1410년 태조왕이 정릉을 조성할 때의 깊은 사색을 느낄 수 있다. 매우 정교한 구름모양이나 당초무늬 그리고 한가운데에서 두 손을 모으고 머리에는 관을 쓴 신상 등을 조각한 돌이 있다. 이러한 돌은 복개된 청계천의 지하에서 잠자고 있었지만 이 복원공사로 또 모습을 나타내었고 다리로서 복원되었던 것이다.

수위를 측정한 '수표교'

수표교는 광통교와 함께 도성 내에서 제일 유명한 다리였다. 수표교는 1420년(세종 2)에 축소되었는데, 당시에는 이 주위에서 말을 매매하고 있던 마전이 있었기 때문에 마전교라고도 했다. 그리고 1441년(세종 23)에 다리 옆 하천의 수위를 측정하기 위해서 표석을 세워 수표교라고 불리게 되었다 '수표'란 하천의 수위를 과학적으로 계측할 수 있는 측정기구로 측우기와 함께 만들

수표석주. 수위를 측정하는 눈금이 있다.

어진 대표적인 과학기기이다. 수표는 청계천 마전교의 서쪽과 한강에 설치했었다. 처음에는 물속에 돌을 놓고 그 위에 구멍을 뚫고 나무로 만든 기둥을 세웠다. 그러나 나무로 만든 수표는 망가지기 쉬웠기 때문에 나중에는 석주로 대체하였다. 수표에 표시된 1척은 대략 20.3cm 정도로 9척에서는 수위가 183cm 정도이지만 비가 내리면 순식간에 9척까지 수위가 올라갔다. 수표교 옆에 수표가 설치된 후에 수표교는 개천(청계천의 옛 이름)의 수위를 측정하는 기준이 되어 담당관청이 정기적으로 수위를 측정해 보고하도록 하였다.

수표교는 광통교와 함께 다리밟기, 연날리기 등이 행해진 대표적인 민속적 풍습공간이며 사람의 통행이 잦았던 만큼 흥미로운 이야기도 많이 전해지고 있다. 수표교와 수표는 청계천이 지하배수로로 되기 전까지 비교적 완벽한 모습으로 남아 있었지만, 1958년 청계천 지하배수로 공사가 시작되면서 철거되어 1959년 장충단공원에 보존되어 서울특별시 유형문화재 제18호로 지정되었다. 또한 이 다리와 함께 있던 수표석주水標石柱는 중요문화재 제838호로 지정되어 동대문구 청량리동에 있는 세종대왕기념관에 이전되고 보존되어 왔다. 그러나 청계천 복원에 의해 수표교도 본래의 장소에 되돌려져서 옛 모습을 재현

원래의 수표교 자리에는 임시 수표교를 놓았다.

할 예정이지만 이전에는 여러 가지 문제가 있어 지금은 임시 다리가 놓여 있다.

수표교의 원형을 복원된 청계천에 설치할 경우에 원형의 교각이 많아서 홍수 때 물살이 빨라 교각이 파손될 것이 예상된다. 그래서 교각의 수나 굵기, 높이 등의 조정이 필요하고 원래의 부재가 훼손되어 있는 것 등 여러 가지 문제가 있어 해결되기까지 시간이 걸릴 것 같다.

이러한 이유로 수표교는 현재 복원하지 못하고 있고 목조로 만들어진 임시 다리를 사용하고 있다.

2-7 수변의 디자인

이벤트광장을 흐르는 최초의 작은 물이 청계천으로 향한다.

청계천의 복원과 그 개념

드디어 청계천의 복원이다. 그러나 복원이라고 해도 단지 예전처럼 복원할 수는 없다. 서울은 지금 세계의 대도시와 어깨를 나란히 하는 현대적인 도시이다. 그 도시의 중심을 종단하는 상징적인 하천. 여기에 어울리는 도시 중심의 하천은 과연 무엇인가를 디자인해야 했던 것이다. 그것이 현대의 서울을 세계로 전달하는 심벌이 되리라는 것을 확신했다. 또한 아직 어디에도 전례가 없는 도전이었다. 우선 무엇보다도 21세기에 어울리는 환경에 배려한 하천, 자연환경과 현대적인 도시가 조화를 이루는 조형이 필요했다. 그리고 서울의 경우 민족의 역사를 회복하고 공유하는 상징이 아니면 안 되었다.

이러한 무거운 과제를 해결하면서 도시 안의 휴식공간, 어른은 물론 아이들이 놀 수 있는 즐거운 공원과 같은 장소가 아니면 안 되었다. 일찍이 청계천이 담당하고 있던 서민의 생활을 지지하는 역할을 현대의 과제에 따라서 관리할 수 있는 것이 필요했다. 기본적인 성격은 '친수성이 있는 산책길'이다. 그러나 거기에 머물지 않고 더욱 적극적인 가치가 요구되었다. 이렇게 하여, 우선 유역의 지역특성을 분석하여 전체를 3개의 지역으로 분할하고 각각 주제를 결정해 특색을 살리는 것이 정해졌다.

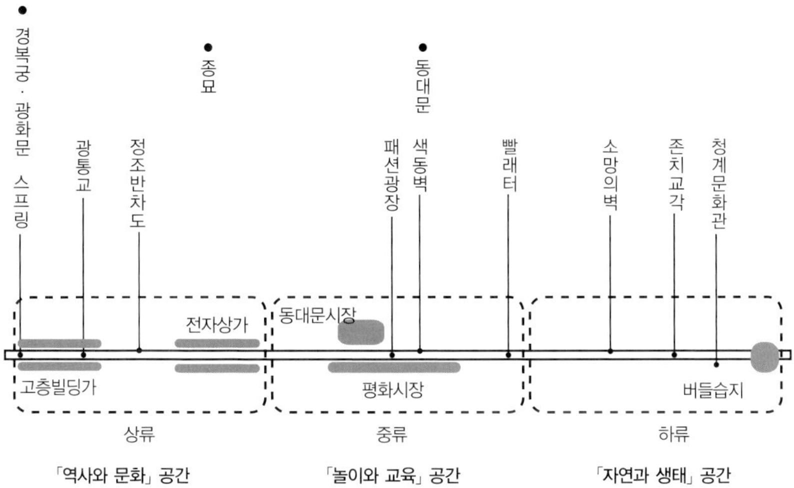

청계천의 세 개의 계획 구분. 그 콘셉트와 주요 모뉴먼트

우선 최상류부는 금융 매스컴 등 현대의 서울을 대표하는 기업의 본사빌딩이 나란히 서있고 근처에는 경복궁을 비롯한 역사유산이 있기 때문에 역사성이 강한 지역이다. 그래서 '역사와 문화' 공간으로 구상하고 역사성과 현대가 조화를 이룬 조형으로 목표를 정했다. 이 때문에 이 지역은 도시의 광장적인 요소를 가지고 있고, 더욱이 역사성을 가미한 디자인이 되었다. 현대의 축제적인 광장인 것과 동시에 광통교의 복원, '정조반차도' 의 벽화 등 역사적 모뉴먼트가 계획되었다. 다음에 중류유역은 시장이나 전기, 의류, 구두 등을 가공 판매하는 영세한 상공업 활동이 번성한 지역이었기 때문에 서민적인 색채가 더욱 강한 '놀이와 교육' 공간으로 구성했다. 패션쇼 등을 실시할 수 있는 즐거운 '패션광장' 이나 서민의 세탁장을 재현한 '빨래터', 의류산업을 표현한 '색동벽' 등 친해지기 쉬운 조형을 목표로 했다.

마지막인 최하류부는 예부터 저층주택, 공공주택 등이 밀집한 저개발 지역이었기 때문에 여기에는 자연의 회복을 중심으로 한 '자연과 생태' 공간으로 디자인했다. 유역 전체 중에서도 가장 초목이 번성하여 자연이 풍부한 지역을 목표로 하였다. 또한 여기는 주변지역의 재개발이 번성한 장소이니만큼 고층의 공동주택이 계속해서 건설되고 있는 지역이기도 하다. 이 때문에 매우 현대적

인 빌딩과 무성한 초목이라고 하는 대조적인 풍경이 출현할 것이다. 또한 청계천의 역사를 남기기 위한 모뉴먼트를 이 지역에 만들었는데, 그것은 한때의 청계고가도로의 교각이었던 '존치교각' 모뉴먼트 그리고 '청계천문화관' 이다. 현대건축의 문화관에서는 청계천의 역사를 쉽게 알 수 있다. 한층 더 과거의 모습을 후세에 전하기 위해 청계천문화관 앞에는 한때의 '판잣집' 을 재현했는데, 역사를 직시하려고 하는 강한 의지를 전달하는 장소이기도 하다.

본류本流, 산책길, 다리의 디자인

도시 안에서 완전하게 자연형 하천으로의 복원이 불가능한 것은 말할 필요도 없다. 서울과 같은 대도시의 중심을 흐르는 물줄기라면 어떤 본류로 하는지에 대한 개념과 디자인이 결정적으로 중요하다. 여기에서 디자인의 기본적인 이념이 되는 것이 '자연의 회복' 과 '친수성' 이다. 운하나 도랑이 아니라 상쾌한 청류의 이미지를 어떻게 실현하는지는 디자인이 결정적인 수단인 것이다. 우선, 물 흐름 그 자체이지만 아이가 물속에 들어가 놀거나 떨어지더라도 안전하도록 수심은 30cm~50cm로 계획했으며 하천의 폭은 약 5m~30m로 얕고 넓어 친밀감을 느낄 수 있도록 하였다. 또한 단조로워지기 쉬운 물 흐름에 변

화를 가져오는 장치로서 폭포, 방죽, 분수 등 여러 가지 디자인의 아이디어가 구상되었다.

다음으로 본류와 산책길의 관계인데 본류와 가깝고 위험성이 없는 다양한 디자인으로 연구되었다. 또한 짧은 단처리를 하여 여러 사람이 물가에 접근하는 장소, 자연석으로 자연스럽게 가까워지고 싶어지는 장소, 징검다리로 아이들을 유혹하는 장소 등 물과의 친화성을 높이기 위한 여러 가지 방안이 깃들여 있다.

물가는 식물이 재배에 어울리는 장소이다. 물고기에게도 물가의 풀은 중요한 요소이다. 또한 물가에 핀 헤아릴 수 없는 많은 꽃이 사람의 마음을 한결 편하게 해준다. 즉, 물은 꽃을 부르고 꽃은 사람을 부르는 것이다. 다음에는 옆벽의 디자인이다. 청계천은 홍수대책으로 아무래도 깊은 옆벽이 필요하다. 그러나 물가의 양 측면에 높은 벽이 우뚝 솟아 있어서 산책길의 즐거운 기분이 사라져 버린다. 이러한 압박감을 없애기 위해서 각종 방안이 실현되었는데, 옆벽에 타일 등의 기술작품을 장식한다든가 옆벽을 2단으로 분할함으로써 높이를 낮게 느끼게 하고, 나무나 풀을 사용하여 압박감을 완화하는 등 여러 가지의 아이디어가 포함되었다.

약 6km에 이르는 청계천에 변화를 주는 요소로서 다리는 매우 중요하다.

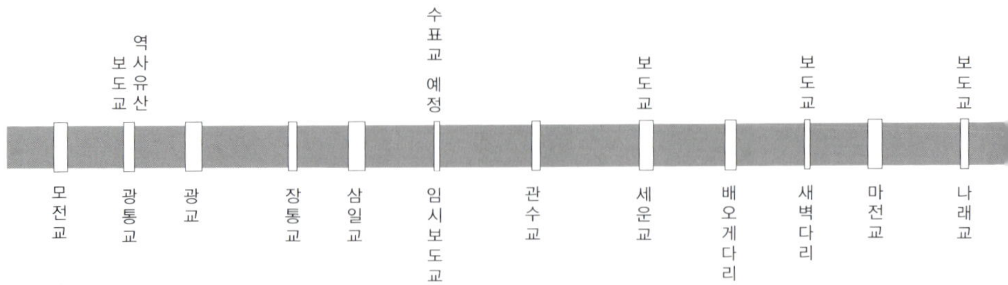

청계천의 다리

모전교

새벽다리

도로가 하천을 횡단하기 위해서 자동차가 다닐 수 있는 다리가 14개, 자동차는 통과할 수 없지만 보행자전용의 다리 8개를 걸쳐놓을 수 있었다. 수변의 산책길로서 어울리는 작은 다리, 개울물에 손을 적시면서 건널 수 있는 징검다리가 다수 만들어졌다.

이러한 다양한 다리에 의해서 청계천은 주변지역에 사는 사람들과 강하게 연결되는 것은 물론이고 여기를 방문하는 사람들에게 산책길을 걷는 즐거움을 주고 있다. 복원된 청계천의 구간에는 차와 사람이 남북으로 왕래할 수 있는 22개의 다리가 만들어졌다. 평균 약 260m의 간격으로 다리를 걸쳐놓은 것이 된다. 청계천 본류의 폭은 장소에 의해 크게 달라 약 5m~30m, 본류와 보도를 포함한 전체의 하천폭은 약 20m~80m로 그 차이는 크다. 원래 다리라고 하는 것은 높고 폭이 좁고 길이가 길수록 아름답게 보인다. 그런데 청계천의 경우 다리의 길이는 짧고 폭은 넓어 다리로서는 아무래도 불균형이 되기 십상이었다. 그래서 서울시에서는 다리의 디자인 국제공모를 시행했다. 이 국제공모는 다리의 디자인 공모라고 하는 본래의 목적 이외에도 서울을 아름다운 다리가

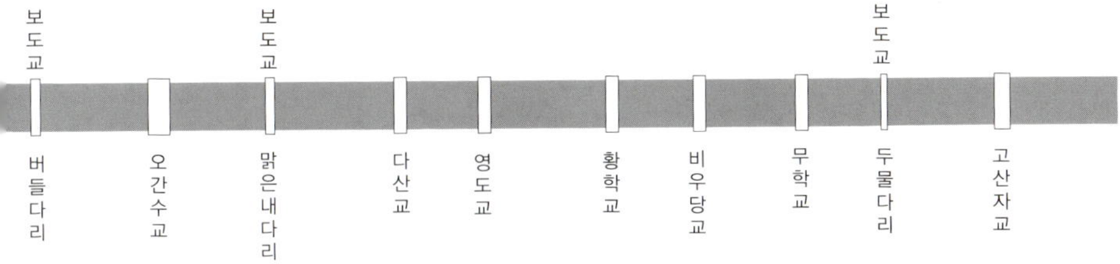

맑은 내다리

두물다리(이수교)

있는 도시로서, 국제적으로 PR하는 효과까지 볼 수 있는 일거양득의 생각이었다. 청계천 다리 디자인의 개념은 무엇보다도 다리가 설치되는 장소와의 조화였다. 즉, 청계천 전체의 조경과 조화를 취하고 과거 · 현재와 미래, 문화재와 환경, 산업과 문화라고 하는 서로 이질적인 요소를 잇는 역할을 하지 않으면 안 되었다.

국제공모는 일본, 미국, 유럽 등에서 450점 이상의 작품이 출품되었지만 디자인뿐만 아니라 기술적인 보충이나 다리를 놓는 장소와 거기에 맞는 공간 등을 고려하여 수정한 후 완성한 것이 지금의 22개의 다리이다. 그 디자인은 실로 다종다양하다. 이 만큼 짧은 구간에 다양한 다리의 디자인을 볼 수 있는 장소는 없을 것이다. 다리만을 보며 걸어도 싫증나지가 않을 것이다. 그중에 최우수작으로 선택되어 지어진 것이 두물다리(이수교)이다. 동대문구 신설동~성동구 마장동 사이, 청계 9가의 성동사회복지회관 앞에 위치하는 두물다리는 길이 43m, 폭 6m의 보도전용 다리이다. 중앙기둥에 좌우로부터 보도교가 연결된 형태의 디자인은 청계천과 성북천의 만남을 상징하고 있다.

2-8 복원 후의 유지관리

아이들이 물장난할 수 있는 만큼 수질이 좋다.

물의 공급과 제어

일찍이 청계천에서는 범람이 일어났을 때에 전염병이 발생하는 문제가 있었다. 이번 복원으로 소생한 청계천이 또 범람하지 않도록 여러 가지 관리시스템이 실행되고 있다. 서울이라고 하는 대도시에 청계천을 복원하는 것은 수해대책이 절대 필요조건이었다. 또한 청계천을 복원해 자연을 되찾는다고 하는 목적도 있기 때문에 청계천에 흘려보내는 물 등 청계천의 유지관리는 매우 중요하다. 과거의 청계천은 지류가 많아 수량이 풍부했지만, 그 하천은 근대 도시화에 의해 하수도가 되어 중단되어 버렸다. 따라서 현재는 본류에 흘러드는 지류는 매우 적다.

청계 9가에 있는 서울특별시 시설관리공단이 청계천의 유지관리를 하고 있으며, 7층에는 종합상황실이 있는데 여기에서 청계천 전체를 감시하고 제어하고 있으며 주된 감시나 제어는 유지용수의 공급, 수질의 제어, 하천의 시설이나 설비가 정상적으로 작동하고 있는지의 확인이다.

또한 이 관리센터에서는 경영관리, 시설관리, 생태관리라고 하는 3개의 조직이 서로 잘 맞물려 운영되고 있다. 이 조직의 주된 목적은 청계천의 안전관리와 생태학적인 공간 만들기를 목표로 하는 것이다. 구체적으로는 역사유적

광통교 근처는 석재로 조형되어 있다. 얕고 폭이 넓어서 물에 가까이 하기에 좋다.

의 관리와 쾌적한 휴식장소의 공간 조성, 인명과 시설에 대한 안전성의 유지관리, 자원봉사활동에 의한 시민참가의 문화적 활동의 추진, 다양한 이벤트나 문화행사 등 커뮤니케이션을 위한 장소의 조성 등이다.

청계천은 2005년 10월 1일에 복원공사가 완성된 후에 매일 사람들이 많이 모여서 활기가 있다. 그러나 약 6km에 걸치는 구역의 경비, 청소 등 유지관리에는 매우 많은 인력이 필요하다. 이러한 청계천 현장에서 유지관리를 담당하는 것은 60대의 정년퇴직을 한 자원봉사자들이다. 청계천을 걸으면 제복을 입은 고령자의 모습을 볼 수가 있다. '그렇다! 이 분들이 청계천을 경비하고 아름답게 하고 있다.' 라고 감동을 받았다.

자원봉사에 의한 유지관리

우리나라에는 아직도 유교사상이 남아 있다. 고령자가 젊은 사람에게 엄격히 세 주의를 줘도 보통은 문제가 없으며 젊은 사람과의 언쟁도 별로 일어나지 않는다. 고령자들 덕분에 청계천의 안전과 질서가 유지되고 있는 것이다. 그분들은 게다가 쓰레기를 주워 청계천을 깨끗하게 하는 등 대활약을 하고 있다. 즉, 청계천은 할머니, 할아버지의 파워로 언제나 청결하고 아름답게 유지되고

청계천을 지키는 자원봉사자 아주머니

있는 것이다. 자원봉사하시는 분에게 "왜 이 일을 하고 계십니까"라고 하는 인터뷰를 했던 적이 있는데 "청계천을 좋아하고 건강을 위해서 하고 있다."라는 대답이었다. 꽤 먼 곳에서부터 오는 분도 있었다. 청계천의 자원봉사에 등록된 사람은 초창기인 2006년 6월에는 약 10,000명이었다. 2011년 10월 현재는 200명이지만 이처럼 청계천은 관리센터의 조직과 정년퇴직자의 자원봉사 노력으로 유지관리되고 있는 것이다.

자원봉사는 현재 2교대제로 경비나 쓰레기 줍기를 실시하고 있다. 또한 비가 계속 내려 청계천의 수위가 높아졌을 때도 강변의 출입구에서 청계천에 들어가려고 하는 사람에 대해 호루라기를 불면서 제지하고 있는 모습을 볼 수 있었다. 이 자원봉사자들에게는 1일의 교통비와 식사비로 소액을 지급하고 있는데, 자신의 건강을 위한 산책도 겸해 참가하고 있는 사람도 많다고 한다. 이 자원봉사자들이 없으면 청계천의 유지관리를 할 수 없다고 해도 과언이 아니다. 서울시민이 협력해서 청계천을 지키고 있는 현실과, 그것이 앞으로도 계속 유지됨으로써 소생한 청계천의 자연과 그 아름다운 모습이 자랑스럽다. 또한 시민이 참가함으로써 시민의식도 높아져 많은 사람이 이 복원을 성공적이었다고 말할 수 있을 것이다. 이러한 면에서 자원봉사의 채용은 플러스의 효과를 낳고

청계천의 슬로프 출입구. 큰 비가 오는 날은 출입금지

있다.

청계천에 흐르는 물은 아이들의 물장난 등에도 지장이 없고 마실 수 있을 정도의 레벨로 물은 매우 깨끗하고 투명하다. 그 물에는 물고기가 다수 생식하고 물오리가 헤엄치고 새가 날아오는 등 자연이 풍부한 장소가 되었다. 깨끗한 물의 흐름은 대도시 서울 안을 흐르는 하천이라고는 생각되지 않을 만큼 훌륭하다. 필자가 조사하러 갔을 때 서울은 유난히 더운 여름날이었다. 청계천에서는 시원한 바람이 불어와 도시의 오아시스와 같은 생각이 들었다. 다리 아래에는 그 시원함을 요구하는 많은 사람들이 휴식을 위해서 앉아 있었다. 도시의 하천이 더럽다고 하는 선입관을 뒤집는 상쾌한 도시의 하천의 모습을 볼 수 있었다.

산책길로의 출입구

청계천의 강변에 내려가기 위해서는 전체의 30군데에 만들어진 계단식 혹은 슬로프식의 출입구를 이용한다. 이 출입구의 수를 거리로 나누면 평균 출입구 간격은 청계천의 북측은 평균 460m마다 한 군데, 반대측의 남쪽 출입구는 평균 350m마다 한 군데로, 양측을 합하면 평균 200m마다 한 군데라는 계산

큰 비가 올 때의 청계천. 청계 8가 중앙에 두물다리 이수교가 보임(2006년 6월)

이 나온다. 슬로프식과 계단식의 비율은 계단식이 많고 전체의 70%였다. 출입구가 30군데라고 하는 것은 산책해 보면 조금 적다고는 생각되지만, 비가 내려 강수량이 급격하게 증가했을 때를 생각하면 그 출입구를 관리할 필요가 있으므로 수가 많으면 관리가 두루 미치지 않게 되거나 관리의 수고 및 비용이 많아지는 문제가 있다. 이러한 관리를 위해서는 적당한 수의 출입구라고 할 수 있다.

여름에 강한 비가 계속 내릴 때의 일인데, 전술한 것처럼 출입구에 사람이 서있고 들어가려는 사람들에게 주의를 주고 있는 모습을 볼 수 있었다. 이처럼 청계천의 출입구는 물이 불어날 시의 경우도 고려해서 정해졌다. 게다가 신체 장애인을 위한 슬로프식의 출입구는 휠체어를 이용하는 사람도 배려하는 출입구라고 할 수 있다.

방재대책

청계천은 서울의 거리 한가운데를 흐르는 도시의 하천이다. 그 하천이 범람해 버리면 대단한 사태가 일어날수 있다는 것이 예상된다. 때문에 청계천의 관리시스템은 중요하다. 그 유지관리를 하는 서울특별시 시설관리공단은 청계천

다리 위에 비상시 대기하는 대원(2006년 6월)

수량이 늘어난 청계 9가의 모습(2006년 6월)

하천에는 보도교가 수몰해 버렸다.

의 최하류인 청계 9가에 있어 청계천 시설의 관리뿐만 아니라 안전면, 문화면 등의 청계천에 관련되는 모두를 관리하고 있다.

청계천은 인공수로라고 하더라도 홍수 때의 대책도 필요하므로 하천의 양측 차도 아래에는 합류식의 하수도관이 매몰되어 있어 강수량이 많은 때에는 여기로 모인 다음 청계천으로 물이 흘러간다. 공단 내에 있는 제어실에서는 청계천의 각처가 실시간 모니터에서 수질이나 수위, 우량 등이 자동 계측되어 24시간 체제의 감시가 이루어지고 있다.

필자는 조사 시에 청계천 관제실 안에 특별히 들어갈 수 있었다. 거기에는 청계천 각부의 영상이나 하천의 수위를 비추는 모니터 앞에 4, 5명의 직원이 앉아 감시하고 있었다. 그곳에서는 청계천의 물을 제어하면서 안전을 지키고 서울 시민들의 생명과 재산을 지키고 있다. 비가 장시간 계속 내렸을 때 조사 중 저자가 본 청계천의 수위는 아주 대단한 기세로 상승해서 그 유속이 매우 급해 사람이 접근하는 것이 위험한 상태였다. 그때 다리 위에서 주황색의 제복을 입은 구명대원 3, 4명이 구명튜브를 하천에 던지면서 구명훈련을 하는 모습을 볼 수가 있었다.

이처럼 청계천에서 일어날 수 있는 재해대책은 여러 가지 형태로 행해지고

피난용 사다리

있었다. 그 대책은 청계천의 구조에도 나타나고 있다. 복원된 청계천의 벽은 수량이 대량으로 늘어났을 때에도 범람하지 않도록 청계천 배수구역 내의 토지이용과 개발현황, 지질, 토양상태와 현재까지의 강수량을 측정한 자료를 기초로 해서 유수량을 산정해 최근의 이상기상에 의한 집중호우에 대비할 수 있게 설계되었으며 또한 피난용 사다리도 설치되어 있다.

청계천 복원에 앞서 필자가 앙케트 조사를 한 적이 있다. 그중에 사람들 사이에서 불안한 것 중 하나로 청계천의 범람에 대한 질의사항이 있었는데, '범람한다', '모른다' 라고 하는 답변에 대한 비율이 많은 것으로 보아 사람들이 아직도 불안해하고 있는 것 같았다. 이 불안함을 없애기 위해 서울특별시 시설관리공단은 최선의 대책을 세우고 있는 것이다.

2-9 주변지역의 재개발

가능한 한 자연스럽게 하천을 복원하면서 환경개선 시점을 우선한 계획안

재개발의 논리

청계천의 복원은, 단지 고가도로의 철거와 하천의 복원뿐만 아니라 청계천 주변의 재개발까지 포함한 대규모의 프로젝트가 될 것이 예상되었다. 당연한 일이지만 재개발은 사회적 문제로 펼쳐져 나갔다. 또한 환경을 중심으로 하는 복원 우선 논리와 경제성을 중시하는 재개발 우선 논리의 대립이 부상했다.

원래 이 복원은 안전과 생태환경의 회복이라고 하는 목표에서 시작되었지만, 주변의 재개발과 함께 거기로부터 발생하는 경제효과에 대한 기대감도 컸다. 그러나 재개발에 해당하는 문제점도 많았다. 그렇다면 이 2가지의 논리를 중심으로 문제점을 검토해보자.

2개의 논점

청계천 복원에서 가장 중요한 것은 하천을 가능한 한 자연스럽게 복원하여 환경문제를 개선하는 것이다. 재개발에 임하여 과거의 대규모 재개발과 같이 경제적인 효과 때문에 고밀도의 개발을 하게 되면 복원의 의미는 크게 손상된다. 이 때문에 하천 주변의 재개발에도 환경개선의 시점을 우선으로 하고 인간과 자연의 공존이라고 하는 시점부터 종합적으로 검토해야 하는 것이다. 또한

초고층 빌딩을 세우는 개발우선 계획안

청계천의 복원은 단기간에 할 수 있다고 하지만 과거 개발시대의 잘못을 반복하지 않을 것을 바란다.

이에 대해 경제성 중시의 재개발 논리는 청계천 복원에 집중하고 주변지역에 있어서 붕괴될 것 같은 건물 등을 그대로 방치하면, 여러 가지 도시경제의 불균형과 산업의 고도화에 수반한 경제적인 재적응이 과제가 되어 환경사업이라고 하는 이 사업의 취지에 맞지 않는다. 따라서 청계천 주변은 하천의 복원과 재개발을 함께 생각해야만 환경사업적, 균형적인 발전이 가능하다고 생각된다.

이러한 2개의 논점에 대하여 복원문제와 재개발문제의 구별론에 있어서 공공적인 복원문제와 이익을 위한 재개발은 취지가 완전히 다르다. 이 때문에 청계천을 복원하지 않아도 주변지역을 재개발하게 되면 개발과정에서 생기는 개발이익이나 경제적인 파급효과가 크다. 따라서 청계천 복원에 의한 효과와 재개발에 의한 효과를 구별할 필요가 있다.

균형을 갖춘 개발이란

이러한 것에 대하여 쌍방의 좋은 곳을 조합하려는 2개의 이론의 중화론도

복원된 청계천과 낡은 아파트

나타났다. 그것은 청계천 주변의 재개발은 '하천을 따라서 하천에 가까울수록 낮은 빌딩을, 하천에서 멀어질수록 높은 빌딩을 짓는다.' 라는 자연하천인 청계천의 환경을 살려 개발하는 방법이다.

하천의 복원에 맞춰서 과거 30년간 늦어진 강북 도심재개발이 함께 진행될 기회이며, 서울 경제의 근본을 지지하는 청계천 주변의 상업복합 관념을 살리면서 재개발을 추구해야 한다. 재개발에 대해서는 현대풍의 높은 빌딩으로 가득 세우는 것이 아니라 경관을 개선하는 과제를 비롯하여 역사나 문화의 재생에 의해 옛것과 현재를 공존시키면서 거기에 환경을 재생하는 것이다. 하천이나 다리에서는 그 목적을 달성하려고 하고 있지만 재개발이라고 하는 하천 주변의 계획에 대해서는 어떨까.

발표된 재개발구상도를 보면, 역사와 문화가 공존되어 있는 부분이 보이지 않는다. 그리고 환경에 신경쓴 것처럼 보이는 잔디 위에 빌딩이 군데군데 서있는 모습은 순간석으로 봤을 때는 복원 전의 청계천 주변에 비해 개선되고 아름답게 보인다. 그러나 그것이 환경재생이라고 말할 수 있는 것이 문제다.

하천재생이라고 하는 이상, 옛날과 같이 진정한 자연을 되찾아 기분 좋고 여유 있는 공간뿐만 아니라 하천 주변에 친숙하지 않으면 안 된다고 생각한다.

물가에는 풀이 무성하지만 잇달아 고층건물이 늘어서기 시작했다.

게다가 자연이라는 것은 지금까지의 역사의 흐름으로 볼 때 지금의 상점을 유지시킨다 해도 이상하지 않을 것이다. 급격하게 도시를 모두 바꾸는 것이 아니라 역사나 문화를 소중히 하면서 다리를 복원하고 지금의 풍경도 어느 정도 미래의 역사로서 보존해야 한다고 생각한다. 이와 같이 여러 가지 의견이 있지만, 재개발이라고 하는 프로젝트에서는 별 차이가 없다. 어떠한 형태로 진행해 나가는지는 아직 확실치 않지만 실행될 것이다. 여기에서 기대되는 것은 환경 중심의 복원논리와 경제성 중시의 재개발론을 잘 중화시켜 이상적인 미래형 도시의 축을 이루는 청계천의 재개발이다. 그것이 실현되면 세계의 도시 경쟁에서도 뛰어난 도시가 되는 것은 아닐까.

복원 후의 문제점

청계천 주변의 공간구성은 서울에서 도시구조의 중요한 기반이 되었고 청계천 복원에 수반해 주변의 재개발도 시작되었다.

즉, 청계 7, 8가에서는 고층아파트 등의 건설공사가 빠른 속도로 진행되고 있다. 이 주변은 시영 주택과 같은 국유의 건축물이 많았기 때문에 여기로부터 변화가 시작될 것이라고 예상되고 있었다. 이전에 있던 저층집합주택은 없어

청계 7가의 고층아파트

지고 새로운 고층빌딩이 청계천 주변에 서서히 건설되기 시작하고 있다.

그러나 문제는 높이다. 모처럼 고가도로를 없애서 시야와 일조가 좋아졌는데 또 원래대로 돌아가는 것이 아닌가. 즉, 서울에서 매우 소중한 풍수요소인 산들이 건물의 고층화에 의해 청계천 주변에서 안 보이게 된다. 게다가 일조가 나빠지는 것은 물론이거니와 청계천의 생태계에도 나쁜 영향을 미칠 것이다. 그러나 가장 큰 문제는 도성 안쪽(청계 1~5가)이다. 여기는 개인이 소유하고 있는 건물이 대부분으로 공공적 시점으로부터 제어하기 어렵다. 또한 고층으로 하면 세입자를 나누는 등 건물 소유권이 어려워져 여러 가지 복잡한 문제가 생길 우려가 있다.

복원된 청계천의 길이는 약 6km이다. 필자는 몇 번이나 물가를 걸어보았지만 짜증나는 것 없이 하염없이 즐겁기만하다. 여름에는 시원한 바람이 불어 상쾌하고 기분이 좋다. 물가 주변에서는 많은 사람들이 즐기고 있어 평화로운 광경이다. 청계천의 부활은 확실히 성공했다고 말할 수 있다. 그러나 청계천 주변의 재개발은 신중하게 논의하지 않는다면 실패할지도 모른다. 지금부터 아직 시간은 충분히 있다. 재개발을 둘러싸고 서울시와 전문가, 주민 등과 지혜를 서로 모아 후회하지 않는 미래의 청계천을 만들기를 바란다.

청계 7가에서 8가에는 고층건물이 나란히 서 있다.

다시 태어난 청계천에 자연환경을 즐기기 위해 사람들이 모이기 시작했다.

1976년 무렵

2005년 6월

청계천과 서울 30년간의 변모

1970년대의 고도성장기 무렵, 청계고가도로는 도쿄의 수도고속도로를 표본으로 계획되었다. 도쿄의 모습을 보고 성장해 온 서울 근대화의 심벌이었다.

중앙에 우뚝 솟아 있는 것이 31층 건물의 삼일빌딩이며, 이것은 당시 대한민국에서 최고의 초고층빌딩이며 서울의 심벌로서 오랫동안 사랑받아 온 것이다. 그리고 30년 후인 2003년 7월에는 고속도로와 복개도로의 철거에 착수하였고 5.84km의 청계천 복원공사가 시작되었다. 주변에는 벌써 고층빌딩이 나

2007년 6월

란히 서있다. 2005년 10월에는 2년 3개월의 공사기간을 마치고 공사를 완료해, 청계천은 그야말로 이름 그대로 깨끗한 물이 흘러 강가에는 풀과 나무가 우거지는 등 서울 시내에서 귀중한 자연환경을 제공하고 있다. 이러한 풍경은 서울의 변화 중 정말로 보기 좋은 우리나라 역사에 남는 변모임이 틀림없다.

제 3 장

재생의 공간디자인과 지역의 매력

3개 테마의 공간구성

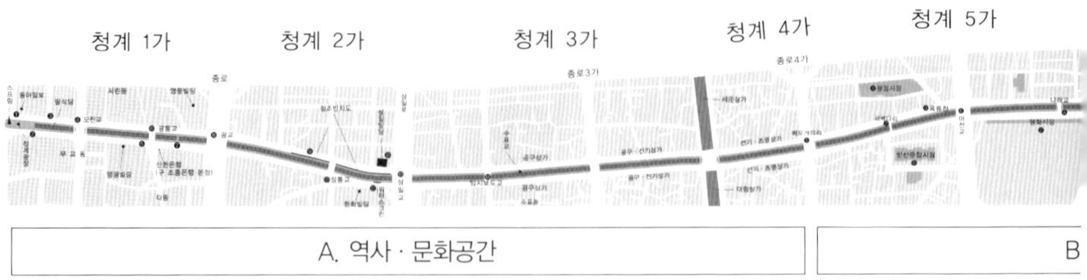

복원된 청계천의 변모와 특징

청계천이 복원될 때까지는 하천을 덮은 복개도로로 되어 있었기 때문에 그 폭은 50~80m였고 총연장은 약 6km였다. 그 양측의 보도는 거의 노점에 점령되어 쇼핑객과 통행인으로 들끓고 있었다. 이 복개도로와 4차선의 고가도로는 청계천의 복원에 의해 철거됨으로써 자동차의 이동공간이었던 이곳이 수변공간으로 변화했다. 그리고 물가에 산책로나 휴식공간이 설치되어 친수공간을 형성하고 있다. 또한 홍수대책으로 하천을 깊게 파고 폭을 넓게 하여 하천제방이 되고 있다. 하천 양측에는 새롭게 2차선의 차도가 설치되어 보도의 노점이 모두 철거되었다. 복원 전의 노점은 사람들이 왕래하고 북적거리는 '야외시장' 의 양상을 이루고 있었다. 그러나 공사가 시작된 2003년 7월부터 철거되면서 청계천 주변에서의 노점은 금지되었다. 청계천의 복원이 완료되고 거기에 따르는 주변의 도시재개발을 하기 시작했다. 도성 밖에 있는 청계 7~9가의 주변은 시영주택과 같은 공영 건물이 많았기 때문에 여기서부터 재개발이 시작되었다.

청계 7가의 복원 전은 1, 2층이 점포였고 그 위의 층이 집합주택인 복합건축이었지만 공사와 함께 그 집합주택 부분이 깎여져서 1, 2층의 점포만이 남아 있었다. 장래에는 재개발에 의해서 새로운 건물이 지어질 예정이다. 지금은 이상한 외관이 되어 있지만 청계천의 상권으로서의 가치가 높아서 상섬이 있는 저층부를 남기지 않을 수 없었던 것이다. 청계 8가 남쪽은 저층의 주택이 밀집하고 있었지만 현재는 대형복합시설로 변모했다. 청계 9가도 저층의 주거지역이었지만 청계천의 역사와 문화 그리고 미래와 복원과정을 알 수 있는 '청계천

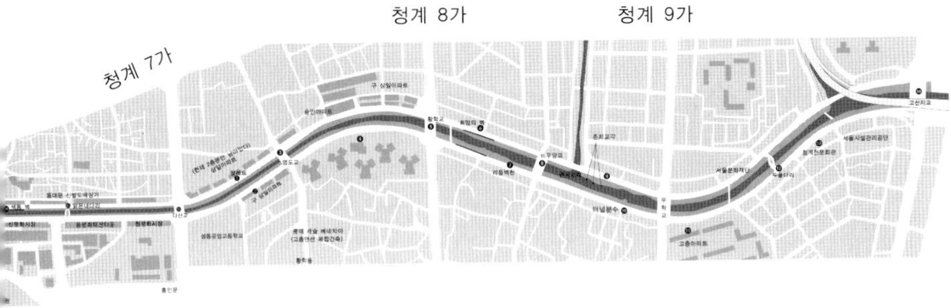

C. 자연 · 생태공간

문화관' 과 '서울문화재단' 으로 새롭게 변모했다.

각 구간에서 수변공간의 특징

청계천은 전체적으로 수변 양측으로 산책길이 전개되어 있고 수변에는 각종 식물을 심고 급류나 분수를 만들어 변화를 갖게 했다. 또한 다양한 디자인의 징검다리를 놓아 걸으면서 물을 충분히 즐길 수 있다. 청계천은 새롭게 다시 태어나고 나서 많은 관광객이 찾아오는 서울의 신명소가 되어 시민에게도 관광객에게도 사랑받는 장소가 되었다. 서울 시내에서는 보기 드문 초록과 물이 풍부한 휴식의 장소이며, 전역에 역사적인 유물이나 모뉴먼트가 여기저기 존재하고 있어 역사를 이해하면 한층 더 즐길 수 있을 것이다. 복원된 청계천은 단순한 하천의 부활이 아니고 각 구간이 다양한 주제성을 가진 매력적인 공간으로 구성되어 있다. 전반적으로 크게 다음의 3개로 나누어져 있다.

A. 역사 · 문화공간 1~4가
동대문 서쪽의 도성 내에서 매스컴이나 은행의 빌딩에 둘러싸여 있다.

B. 놀이 · 교육공간 4~7가
동대문 중심부로 도성 안팎이며, 시장 등 상업시설에 둘러싸여 있다.

C. 자연 · 생태공간 7~9가
동대문 동쪽으로 도성 밖이며, 무엇보다 풍부한 자연이 복원되어 있지만 주변은 고층집합주택의 재개발이 진행되고 있다.

이상 각 구간의 주된 볼만한 곳과 배후 거리의 매력을 아울러 소개한다.

청계천 안내도 【A】 역사 · 문화공간(1~4가)

❶ 스프링

❸ 팔석담

❺ 광통교에서 모전교 방면을 바라봄

❽ 광교

❿ 장통교

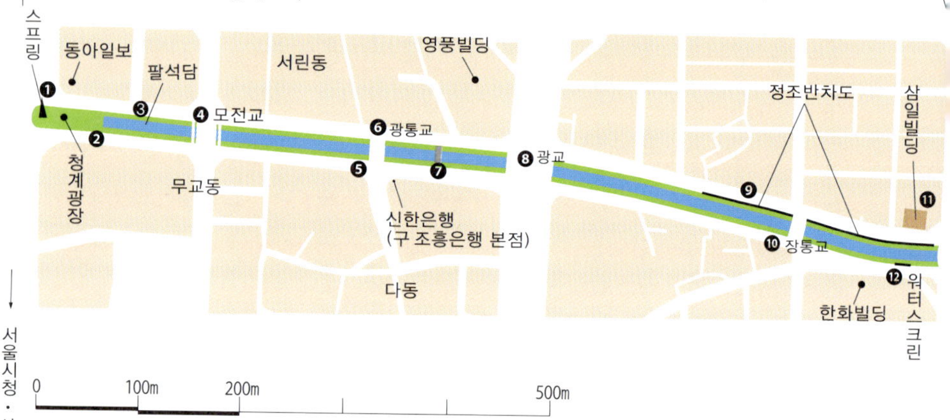

❷ 양초분수

❻ 광통교

❾ 정조반차도

❹ 모전교

❼ 작은 다리

⓬ 워터스크린

⓫ 삼일빌딩

⓰ 세운교

⓱ 세운상가

⓭ 삼일교

⓮ 임시보도교

⓯ 관수교에서 세운교를 바라봄

3-1 【A】 역사 · 문화공간(1~4가)

청계 1가의 수변은 석조로 비교적 넓고 도시적 · 인공적인 디자인으로 되어 있지만 청계 2,3가부터는 점차 물가에 초목이 증가하면서 자연복원형의 부드러운 분위기를 자아낸다. 공작물로서 흥미로운 것은 역사의 정서가 담겨 있는 석조의 광통교가 복원된 것이다. 그밖에도 조선왕조 역사의 일부분이 장대한 벽화로서 복원된 이 구간은 대한민국의 역사가 강하게 스며들어 있다. 지상 주변환경을 보면, 청계 1,2가는 양측으로 금융기관이나 신문사의 고층빌딩이 쭉 뻗어있는, 그야말로 서울의 비즈니스센터의 모습을 보이고 있고, 청계 3가에 들어서면 점차 저층의 건물들과 서민적인 전자상가로 모습이 바뀌어 간다. 이 구간은 궁궐도 가까워 역사적인 기념물이 볼만한 곳이다.

청계천의 기점인 청계광장. 조개와 같은 오브제는 '스프링'이라고 불리고 있다.

'스프링'과 청계광장

'청계광장'은 청계천이 시작됨과 동시에 서울의 중심이라고 해야 할 중요한 장소이다. 여기에는 다채로운 나선형 조개다슬기와 같은 랜드마크의 오브제 '스프링'이 있다. 스웨덴 태생의 예술가 클래스 올덴버그(1922~Claes Oldenburg)와 네덜란드 출신의 구제 반 브루겐(1942~Coosie Van Bruggen)이 제작했다. 20m의 높이는 주위를 압도하고 청계천의 시작을 나타내는 모뉴

'스프링' 은 주위의 고층 오피스빌딩과 대치하고 있다.

이 스프링으로부터 흐르는 작은 개울이 청계천의 시작이다.

먼트가 되고 있다. 이 '청계광장' 은 각종 행사나 이벤트가 빈번히 행해지는 도시의 축제적인 역할을 가지는 광장이다. '스프링' 으로부터 작은 하천이 시작되어, 그것이 광장을 횡단하고 슬비한 작은 분수 '양초분수' 로 흘러든다. 여기가 약 6km에 이르는 청계천의 흐름의 시작이다.

팔석담八石潭

'양초분수' 에서 모전교를 본 풍경

양초분수의 물이 폭포가 되고 하천이 시작된다.

팔석담은 남북 전체인 조선팔도의 지역을 상징하며, 8종류의 돌을 조합해서 디자인되어 있다.

광장을 지나면 작은 분수가 눈에 들어온다. 이것은 '양초분수' 라고 한다. 이 물은 4m의 낙차가 2단의 폭포를 이루면서 청계천에 떨어진다. 이 폭포로부터 떨어진 물이 청계천 유수의 원류가 되고, 청계천의 출발점인 이곳에서 청류는 한강과의 합류점을 향해 흐른다. 여기서부터 모전교까지는 폭 21m, 길이 60m인데 청계천에서 첫 수로를 이루는 팔석담이라고 하는 조형물이 있다. 한반도의 통일을 바라고 남북을 합한 8개의 구역을 의식한 8종의 돌八石을 물에 담은 '만남 · 화합 · 평화 · 통일' 의 소원이 담겨 있

팔석담은 모전교 아래로 보이며 다리와 일체화한 돌의 강력한 조형을 이루고 있다.

만곡한 돌의 조형물이 즐거운 물가의 공간을 만들어내고 있다.

다. 이 구간의 수심은 얕고 물가나 산책로에는 초목 등의 식물들이 전혀 없으며 한국적인 돌의 문화를 느끼게 한다. 자연하천이라고 하기보다는 도시를 흐르는 조형적인 수로라는 인상이다.

모전교毛廛橋

모전교는 차도와 보도는 별도로 되어 있고 아치의 곡선이 기묘한 음영을 형성하고 있다.

청계천의 출발점으로부터 첫 번째 다리이며, 그 디자인은 한국 전통가옥의 대청을 이미지화한 것이다. 중후한 석조의 아치교량이지만 보도와 차도가 개별적으로 서로 다른 곡선의 아치로 되어 있고, 석조의 느낌 때문에 답답한 느낌을 다른 3개의 곡선으로 세분하고 있어 복잡한 음영을 수면에 나타내면서 재미있는 음영의 효과를 나타내고 있다.

대한민국은 예로부터 석조의 문화를 가지고 있어 다리의 난간을 포함한 이 다리와 함께 근방에는 전체가 초목이 없어 돌의 조형문화를 강하게 느끼게 하는 장소이다.

모전이란 조선시대의 과일가게를 의미하는데, 이 다리가 옛 모전의 근처에 있었으므로 모전교라고 부르게 되었다.

보도는 역사를 느낄 수 있는 돌의 조형물로 장식되어 있다.

모전교로부터 광통교를 바라봄. 물가에 식물은 없고 널찍한 돌 포장이 인상적이다.

첨단기술 빌딩이 모여 있는 거리–청계 1,2가

동아일보사로부터 청계천 본류가 시작하는 곳까지가 청계 1가이다. 지금은 유리벽의 첨단기술 빌딩이 세워져 있지만 조선시대에는 관청가이며 국가의 방위를 맡는 우포청이 있었다. 조선후기부터 이 근처의 서린동, 다동, 무교동이라고 하는 지역은 유명한 음식거리였다. 일제강점기 시대에는 유명한 요정인 명월관이 있었다. 여기에 고층빌딩을 세우기 시작한 것은 1976년 7월로 이 일대에 대해서 재개발사업계획이 결정되고 난 후이다. 청계천로가 시작되는 태평로부터 청계 2가의 삼일빌딩까지는 청계천의 다른 지역과는 분명히 구분되고 있다. 여기에는 SK빌딩, 영풍빌딩, 한미은행, 조흥은행, 한국산업은행 본점, 한화빌딩 등의 은행을 시작으로 하는 대기업의 본사를 둔 고층건축이 나란히 서 있는 서울의 비즈니스센터를 형성하고 있다. 이 주변은 고층빌딩이 나란히 서 있기 때문에 수변에는 일조시간이 짧고 식물이 자라기 어려워서 초목이 적은 도시적인 중후한 느낌의 산책길이 되어 있다.

다리에 담겨진 왕의 애증

광통교는 조선 태조 때 처음에는 흙으로 만들어졌지만 장마철에는 물이 넘

발굴된 석재를 사용한 광통교의 난간

쳐 다리가 자주 무너져서 1410년에 태종이 돌로 재건했다. 이 다리에는 조선건국 초기의 왕권다툼의 슬픈 역사가 숨어 있다. 태조는 후처 신덕왕후의 죽음을 슬퍼해 정릉에 묘를 만들고 동시에 그 아이의 방석에게 왕권을 양보하려고 했다. 그러나 전처인 신의왕후인 아이의 방원이 반란을 일으켜 왕권을 차지하고 태종으로 즉위했다. 그 후 태종(이방원)이 광통교를 석교로 다시 놓을 때 정릉의 신덕왕후의 묘에 사용했던 십이지신상의 석재를 실어다 만들어 백성들이 밟고 다니게 하였다. 또한 그것만으로도 부족해서 신덕왕후의 석상을 거꾸로 해 쌓도록 했다. 이처럼 광통교에는 태조 이성계와 신덕왕후, 태종 이방원과 신덕왕후의 애증이 담겨 있다. 지금도 광통교의 교각에는 거꾸로 되어 있는 석각신장을 볼 수 있다. 이 다리는 태종이 처음 만들 때에는 폭이 15m, 길이가 13m라고 전해지고 있어, 당시 하천의 폭은 그다지 넓지 않았으며, 교각은 4개가 2열로 총 8개로서 높이 약 2.5m로 추정되는데 높이도 그다지 높지 않았다. 1910년경 종로와 남대문 사이의 전철선로공사로 일부분이 보이지 않게 되고 1958년의 복개공사로 도로 아래의 지하배수로에 잠들게 되었다.

2003년 청계천 복원에 즈음해 교통의 흐름을 고려하고 원래의 위치보다 조금 상류에 복원하여 광통교가 있던 장소에는 차가 통과하는 광교를 놓았다. 부활한 광통교는 신장석을 복원해 그 흔적을 확인할 수 있다.

이 장소는 시민의 휴식장소로서 사랑받고 있다. 특히 청계천의 다리 가운데 역사의 자취를 가장 잘 느끼게 하는 장소이다. 광통교는 조선시대에 제일 교통량이 많은 다리였지만 지금은 그 역할을 광교에 양보했기 때문에 차도 적게 다니고 보도교로서 아주 적합하다.

광통교廣通橋

복원에 의해 지하에 잠들었던 광통교가 부활했다. 역사를 강하게 느끼는 다리이다.

청계광장을 지나 모전교와 광교 사이에 있는 다리가 광통교이다. 조선시대의 서울에는 다리가 많았지만 그중에 제일 규모가 컸기 때문에 대광통교라고도 불리었다. 광통교는 지하배수로 중에서 발굴되어 재건된 것이지만 물을 옆으로 흐르게 하여 산책길이 있어 다리 아래를 걸어 통할 수가 있다. 이 때문에 교각을 아래에서 바라볼 수 있다. 거기에는 마치 고대 거석문화의 유적과 같은 박력 있는 돌의 조형을 볼 수 있다. 또한 왕늘의 애승이 남겨진 돌 조각을 가까이 관찰할 수 있는 청계천에서 볼 수 있는 최대의 역사적 유물이다. 조선시대에 이 근처는 한때 상가였기 때문에 항상 많은 사람으로 활기가 있었고 정월에 답교라고 하는 전통놀이를 즐긴 곳이 바로 이 다리 위이다.

왕과 왕비의 애증이 있는 석각신장의 기단

광교에서 광통교를 바라봄. 상류부분은 빌딩이 많은 비즈니스 거리가 되어 있는 것을 알 수 있다.

하천을 건너는 다리나 물가는 주의 깊게 계획되어 있고 산책길을 걷는 즐거움을 교묘하게 연출하고 있다

수변 디자인

광통교와 광교 사이에는 세련된 작은 다리가 있다. 완만한 커브 디자인은 부드러우면서 정을 느끼게 한다. 또한 가까운 곳에는 물안개가 분사되고 있어 사진촬영의 장소로도 인기가 있다.

하천을 건너는 징검다리는 시골의 시냇물 소리를 생각나게 하는 세심한 디자인으로, 이 징검돌의 하나하나에는 조명장치가 있어 야간에도 안심하고 건널 수 있고 색채도 아름다워 보기만 해도 즐겁다. 이 구간에서는 하천폭이 좁아 물의 흐름이 조금 빠르고 수심은 약 40cm 정도이다.

광통교에서 광교를 바라봄. 개울 같은 하천 위에는 작은 다리가 있고 변화가 풍부하다.

광교의 분위기

광통교를 통과하면 초록이 보이기 시작하지만 그 초록은 청계천 끝까지 다양한 형태로 변화하고 있어 즐거움을 준다. 양측의 옆벽은 수직형으로 그 높이는 약 6m 전후이지만 지상에서 보면 조금 깊게 느껴진다. 벽면은 블록석으로 치장되어 있는데, 이 돌은 화강암으로 전통적인 돌쌓기의 이미지를 재현하고 있다. 예를 들어 제방의 석축, 성곽의 석축, 교량의 돌쌓기의 이미지를 장소에 따라 구분하여 사용하였다. 석재는 황금비를 적용한 종횡비로 되어 있어 어디를 보더라도 매우 아름다운 돌담으로 디자인되어 있다.

광교는 크고 넓은 다리라고 하는 의미로, 예로부터 넓은 다리라고 말하여 왔다. 유일하게 빨간 색채를 사용한 다리이며 현재는 광교 교차점이 이 위치에 해당한다. 여기에서 장통교까지의 수변에는 '정조반차도正祖班次圖'의 벽화를 볼 수 있다. 명동의 롯데백화점에서부터 지하철 1호선의 종각역으로 통하는 길목이기 때문에 관광에도 편리한 장소이다. 또한 다리의 지상 옆에는 대규모 서점인 영풍문고가 있고 광교에서 종로타워도 바로 눈앞에 보여 역사와 현대의 만남을 상징하는 다리라고 할 수 있다.

광교. 강철제의 붉은 다리가 눈길을 끈다.

안개를 분사하는 분수

다리 밑에는 야외 갤러리가 있다.

흐르는 물과 수풀이 보기 좋게 조화를 이루고 있다.

광교의 주변

광교 십자로는 청계 2가의 중심이다. 이 지역은 옛날의 광통교가 있었던 곳으로 조선시대에는 상점이 늘어선 상업의 중심지이며 일제강점기 시기에는 은행이 모여 있는 금융의 중심지였다.

현재 조흥은행 본점의 장소에는 1897년에 순수한 조선인 자본에 의해서 설립된 한성은행이 있었다. 또한 현재의 영풍빌딩의 장소에는 조선시대에 전옥서(감옥)가 있었고, 일제강점기 시대에는 우리은행의 전신인 대한천일은행이 있었다. 그리고 남대문로에는 광통관이 있었는데 이것은 1908년 대한제국 지부 건축연구소가 세운 것으로, 조선인 자본계열의 천일은행과 어음조합 사무소, 일본 상공인의 집회소 등으로 사용되었다. 광통관은 대한민국에서 제일 오래된 은행 중 하나이며 지금은 우리은행 종로지점으로 사용되고 있다.

종로 2가는 광교 바로 옆이다. 약 30년 전의 종로 2가는 대학수험 예비학원이 모이는 지역이었는데 지금도 젊은이들이 모이는 장소이다. 이 거리에는 옛부터 보도를 따라서 늘어서 있는 포장마차가 유명하다.

정조반차도正祖班次圖

정조반차도. 조선시대의 화려한 행진이 도기의 타일벽화로 재현되었다.

광교와 삼일교 사이 북쪽에 그려진 정조반차도는 조선시대 22대 정조대왕이 1795년 모친(혜경궁 홍씨)의 환갑을 기념하고 부친인 사도세자의 묘를 참배하기 위해 화성에 가는 행렬을 그린 것이다. 1,779명의 인물과 779마리의 말이 행진하는 모습을 그린 63페이지에 이르는 이 그림은 김홍도의 지휘 아래 김득신, 이인문, 장한종, 이명규 등 쟁쟁한 화가들의 합작으로 그려진 역사적인 가치와 함께 예술성이 높은 작품이다. 당시의 행렬 격식이나 악대의 구성 등 왕의 위엄과 질서가 잘 표현되어 있다.

5,120개의 타일에 의해 재현된 이 벽화는 높이 2.4m, 길이 192m인데 청계천을 장식하는 최대의 역사 모뉴먼트이다. 그림에서 잘 관찰하면 한 사람 한 사람 다른 의복과 표정이 섬세하게 그려져 있어 싫증나지 않고 재미있다.

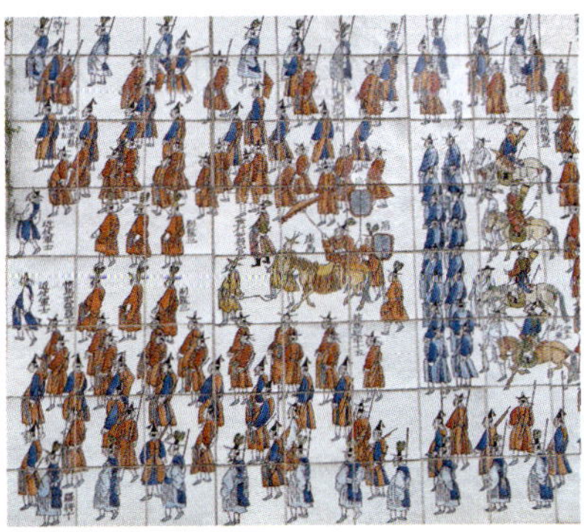

광교 부근. 쭉 뻗은 하천이 진취적이다

장통교는 석조의 전통사상이 깃들어 있음

수표교 대신 만들어진 임시 보도교

장통교는 이 근처가 조선시대 장통방이 있어서 붙인 이름이며, 이 다리 부근에 긴 창고가 줄지어 있었다고 하여 장창교라고도 불렸다. 이 일대는 일찍부터 도성 안에서도 상업의 중심지가 되어 상인들이 모여 산 곳이며 중앙과 지방 관청의 연락사무를 맡는 공무원들의 본거지이기도 했다. 수표교는 현재 장충단공원에 임시로 보존되어 있는데, 청계천 원래의 장소에 재건될 예정이지만 실제의 수표교는 길이가 맞지 않고 많은 교각이 있는 등 여러 가지 문제 때문에 여기에 그대로 세우기는 어렵다. 그래서 현재는 임시 보도교를 걸쳐놓았다. 장통교와 삼일교 사이의 남쪽에는 수막영상water screen이 있다. 기세 있게 떨

수막영상(water screen)

징검다리는 어린이들에게는 스릴이 있고 물을 즐길 수 있는 장소이다.

자연스러운 휴식의 장소가 부드럽게 느껴진다.

다채로운 물가의 조형이 아이들의 장난기를 유도하고 있다.

어지는 물의 흐름이 아름다우며 낙수의 안쪽에 무언가 있을 것 같은 호기심을 끄는 곳이다. 이 근처는 청계천 산책 중 좀 피곤하다고 느낄 때 발을 멈추는 곳으로 사진찍기에 인기있는 장소이다.

경제성장의 심벌이었던 삼일빌딩

하이테크 디자인의 삼일교 난간

삼일교는 삼일빌딩 아래에 있다.

삼일빌딩과 삼일교

삼일교 옆에 서 있는 삼일빌딩은 31층 건물의 고층빌딩으로, 1971년 준공 당시의 그 높이는 청계고가도로와 함께 대한민국 경제성장의 심벌이었다. 당시에는 서울에서 제일 높은 빌딩으로서 서울 도심에 위치하는 건물높이에 대한 제한을 하는 일종의 기준 건물이었다.

삼일교는 우리은행의 기탁에 의해서 만들어진 다리이다. 1919년 3월 1일 탑골공원에서 독립운동을 기념하여 명명된 삼일로에 다리가 놓인 것에 의해 이 이름을 붙였다. 삼일교는 폭 46m, 길이 22.7m의 콘크리트로 만들어진 다리로 종로구 관수동과 중구 수표동을 잇는 삼일로 교차점에 가설되어 있다.

개성적인 난간 디자인과 넓은 보도는 사람들의 휴식과 만남이 조화를 이루는 문화공간으로 구성되었다. 다리의 외관은 하이테크 소재로 만들어져 있고 21세기 서울의 미래적인 이미지를 강조하고 있다.

삼일교 바로 남쪽으로는 베를린 장벽의 일부가 전시되고 있다. 여기에서는 악기로 유명한 낙원동이나 전통공예의 거리인 인사동도 도보권 내이다.

삼일빌딩 정면의 장교동은 청계천 본류와 남산으로부터 흐르는 지류가 합류한 곳으로 하천의 폭이 넓었었다.

관수교에서 세운교까지 이어지는 공구 · 전기상가가 보인다.

청계 3,4가 주변–뭐든지 갖추어져 있는 거대한 상가

서울 내에서도 청계천 주변은 거대한 상가를 이루고 있지만, 그 분위기는 청계 3가로부터 시작된다. 삼일로를 거쳐 관수동과 수표동에 들어가면 여기서부터 청계천로의 새로운 모습이 보인다. 삼일로를 경계로 서쪽의 청계 1,2가는 고층빌딩의 비즈니스 거리가 되어 있는 것과는 대조적으로 동쪽의 청계 3가에는 개인상점의 2~3층 건물이 나란히 하고 있다. 이 근처는 저층이나 중층 · 고층과 여러 가지 높이의 빌딩이 혼재되어 있고 건물의 높낮이 차이가 심하기 때문에 스카이라인의 변화가 매우 풍부하다.

이러한 빌딩의 1층은 점포인데 청계 3가는 주로 소화설비와 기계공구점이 대부분이고 청계 4가는 세운상가를 포함해서 전기 · 조명기구 등을 판매하는 점포가 많다. 이 청계천 상가는 도로 주변에 상품을 진열해 판매하는 점포가 있으며 뒷골목에는 공작기계나 절삭기 등으로 직접 자작품 등을 만드는 소규모의 공장이 밀집되어 있다. 청계천 기계공구 거리는 기계공구의 판매는 물론 주위에서 필요한 부품의 구매와 제작까지 가능한 생산과 판매가 동시에 성립되고 있는 곳이다. 즉, 여기에서는 바깥은 판매, 안은 생산이라고 하는 구조로 되어 있다.

세운상가의 다이내믹한 모습. 고도 성장기 때의 에너지를 느낀다.

서울의 전자상가

청계 3,4가는 조명기구에서 전자제품, 전기공사에 필요한 전선 등 전기에 관계되는 것은 뭐든지 살 수 있는 전자상가이다. 일본의 아키하바라와 같은 거리다. 이 전자상가를 대표하는 것이 세운상가이다. 세운상가는 청계천과 직각으로 남북으로 길게 뻗고 있는 철근콘크리트조 8층 건물의 복합건축이며, 청계천을 끼고 남쪽에도 같은 대림상가가 있다. 세운상가와 대림상가 1층은 필로티로 상품의 반입 등에 이용되고 있고 1~4층은 전기 관련 상가, 그 위는 아파트로 되어 있다. 대림상가도 세운상가와 함께 전자제품의 도매나 소매상가로 알려졌다. 여기에서는 특히 가전제품, 국내외의 고급오디오, 게임기, 가라오케 기기 등을 도맷값으로 살 수 있다.

조명기구 가게가 100점포가 넘는 예지동, 산림동 일대는 각종 조명기구가 눈부시게 빛나고 있다. 조명의 용도는 일반적인 용도에서 장식성과 기능성을 강조하는 경향으로 변하고 있고, 적당한 가격으로 고품질의 조명기구 구매를 희망하는 사람들로 언제나 활기차 있다. 이 상가에서는 저가로 구입할 수 있으며 스튜디오 조명이나 무대조명 등의 특수조명 기기도 취급하고 있다. 그런데 청계천 복원 전부터 전기제품의 전문점이 분산되면서 복원 후에는 손님이 줄

세운상가 3층의 테라스에 접한 점포

5~8층 아파트 부분의 중앙홀

세운상가는 1층이 필로티, 3층이 테라스, 고층이 주택 등 다양한 모습을 가진 거대한 빌딩이다.

어들고 있다. 뒷골목에 들어가면 몇 년 전만 해도 활기로 가득 찼었는데 지금은 폐점되어 가고 있는 가게를 자주 볼 수 있다.

경제부흥의 상징이었던 세운상가

원래 이 지역은 세운상가가 세워지기 이전에는 일제강점기 시대에 만들어진 넓고 긴 공터였다. 이 공터에는 일제강점기 시대에는 해방운동을 위해 모였고, 한국전쟁의 혼란 중에는 재해민과 피난민이 모여 판잣집을 세워 살기 시작했다. 1960년대 이후의 도심재개발 과정에서 이러한 무허가 판잣집은 철거되어 주상복합의 원조인 세운상가가 지어졌으며, 청계천이 복개되고 고가도로가 생겼다.

세운상가와 청계고가도로는 서울의 도심 경관을 크게 바꾸었고, 삼일빌딩과 함께 당시의 경제발전을 상징하는 심벌적인 존재로서 빛나고 있었다. 세운상가는 김수근, 삼일빌딩은 김중업이라고 하는 대한민국을 대표하는 저명한 건축가가 설계하였다. 두 건축가는 대한민국 현대건축의 선구자이며 88서울올림픽 스타디움, 공원, 시설, 경기장 등을 설계한 중심인물이었다. 이 세운상가는 청계천 복원에 의해서 지금 또 다시 크게 태어나려 하고 있다. 그 계획에

전방으로 세운교의 중앙에 서 있는 타워가 보인다.

이 근처에는 조명기구, 기계공구를 파는 상점이 처마를 나란히 하고 있다.

의하면 세운상가에서 대림상가, 진양상가까지 남북의 건물을 모두 철거하고 아무것도 없는 단순한 초록의 공간으로 할 계획이라고 한다. 그리고 이 주변 일대는 초고층 빌딩의 거리가 되는 것 같다.

폭포가 있는 다리 세운교

세운상가와 대림상가 사이에 있는 다리가 세운교다. 조선시대에는 이 장소에 효경교가 있었고, 이 근처에 맹인이 많이 살고 있던 것에서 비롯하여 맹교, 맹인다리라고도 일컬어지고 있었다. 다리를 건너기 위한 보도를 중앙에 크게 만들고 차도는 다리의 좌우에 만들어진 U턴용의 각 1차선뿐이다. 다리 중앙에는 타워가 서 있고 다리 양측의 연못으로부터 물이 폭포가 되고 하천에 떨어지

세운교에서 다리 옆의 연못으로부터 물이 떨어지는 폭포의 디자인이 새롭다.

고 있다. 청계천 다리 안에서 폭포가 있는 유일한 곳이며, 이 다리의 큰 특징이다. 여름에는 물이 떨어지는 소리와 가까이 있는 분수와 함께 이 거리에 청량감을 주고 있다.

공구거리 형성

공구나 전기제품 가게가 모여 특수한 거리가 완성되기까지의 역사를 보면 다음과 같다.

1945년 일제강점기 해방 직후에 일본이 남긴 공장을 민간에 넘기는 과정에서 각종 공작기계나 그 부품이 넘쳐 나와 이러한 것들이 청계천을 중심으로 한 노점상에 의해서 거래되었고, 이것이 공구거리 형성의 기초가 되었다.

1953년 6.25전쟁 후에는 미군과 한국 군부대로부터 나오는 생활필수품이나 일용잡화, 중고품 그리고 전후의 복구과정에서 물건이 흘러넘쳐 활발한 거래가 이루어졌다. 그리고 1960년대 중반에서 1970년 초반까지는 베트남전에 참전했던 군인들이 귀국하면서 많은 미국 제품의 기계공구가 흘러들어 왔다. 그 당시에는 특히 전동공구가 제일 인기의 물건으로서 고가로 거래되었다.

1970년대에는 경제발전과 함께 공장을 가동하는 데 필요한 기계 부속품과

골목 안에는 작은 공장이 밀집하고 있다.

관련 공구의 수요가 급증했다. 특히 주력 수출품인 가발, 봉제와 관련된 방직 기계나 재봉틀 등의 수요가 급증했다. 1980년대에 들어서면서 기계공구상들은 도심부에서부터 서울의 남쪽인 구로(1985년)와 시흥(1989년)으로 이전했지만, 궁핍한 시대에서 탈출한 청계천에서 기계공구를 취급하는 상점은 기계공구 거리의 중심지로서 지금도 변함없이 활발하게 거래를 계속하고 있다.

뒷골목의 작은 공장

청계 4가 남쪽의 잡거빌딩 뒤에는 1960년대의 노후화된 건물이 밀집하고 있다. 필자는 청계 5가 남쪽의 을지로 5가에서 태어나고 자라서 이 주변의 풍경을 기억하고 있는데, 지금도 내가 어렸을 때 본 과거의 변함없는 모습을 하고 있다.

청계천은 근대화에 의한 경제성장을 우선으로 한 정책하에서 복개되어 고기도로가 생기고 오늘이 되어 환경우선정책에 의해서 하천의 재생이라고 하는, 짧은 세월에 크게 두 번이나 모습이 바뀌었다. 그러나 주변의 뒷골목에는 그러한 격동으로부터 고립되어 조선후기 시대의 골목이나 일제강점기 시대 후와 6.25전쟁 후의 건물이 그대로 남아 있다.

청계4가 뒷골목의 작은 공장은 주문에 따라 시작試作품을 만들어 준다.

옛 일본식 집이 공장으로 남아 있다.

골목 안쪽에는 조선시대로 추정되는 입석이 남아 있다.

이 근처에서는 모든 자재를 살 수 있다.

노후화한 건물이 밀집해 있다.

도심에 남은 근대의 잔존물

2004년 12월의 조사에서는 청계 4가의 남쪽 골목인데 좁고 미로와 같은 골목 입구에서 두 개의 석주를 발견했다. 대도시 안에서 이것은 무엇을 의미하고 있는지 이 주변 주민에게 물었는데 '잘 모르겠는데, 예부터 있었을 뿐이며, 이 두 개의 돌은 좁은 길에 방해가 되지만 노인들께서는 "이 돌만은 절대로 뽑지 마라"라고 들었다.'라고 대답했다.

이 석주는 확실히 한국의 전통적인 돌 문화에서 유래하고 있다고 생각된다. 이것은 우리나라 전통마을 입구에 큰 돌을 놓는다거나 천하대장군, 천하여장군과 같이 마을의 이정표와 수호신의 구실을 하는 것과 비슷하다고 생각된다.

청계천 안내도 【B】 놀이 · 교육공간(4~7가)

❹ 광장시장

❿ 동대문종합시장

❶ 배오개다리

❸ 옥류천

❻ 마전교

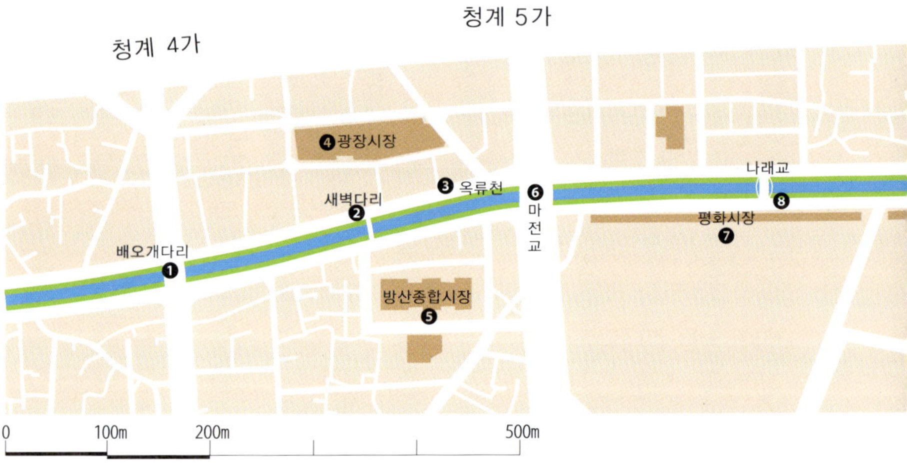

❷ 새벽다리

❺ 방산종합시장

❽ 나래교

❼ 평화시장의 1층 점포

❼ 평화시장

❾ 버들다리

⑬ 동대문

⑭ 색동벽

⑰의 만곡부

⑫ 오간수교

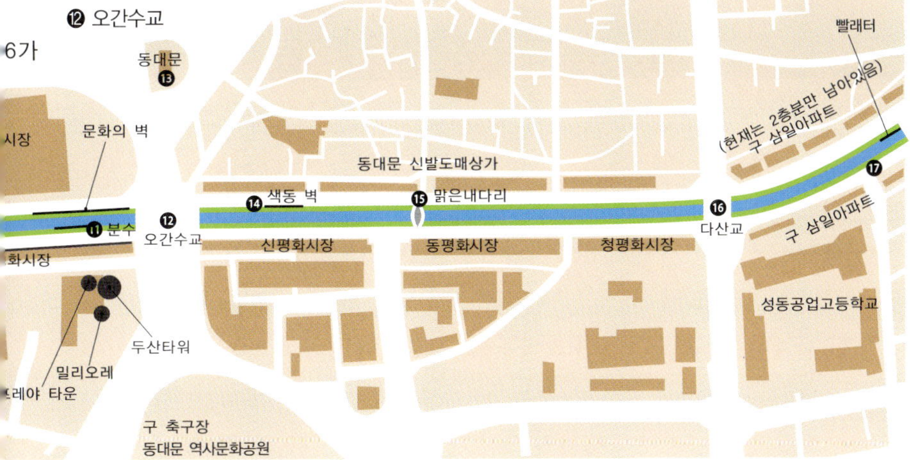

⑪ 분수

⑮ 맑은내다리

⑯ 다산교

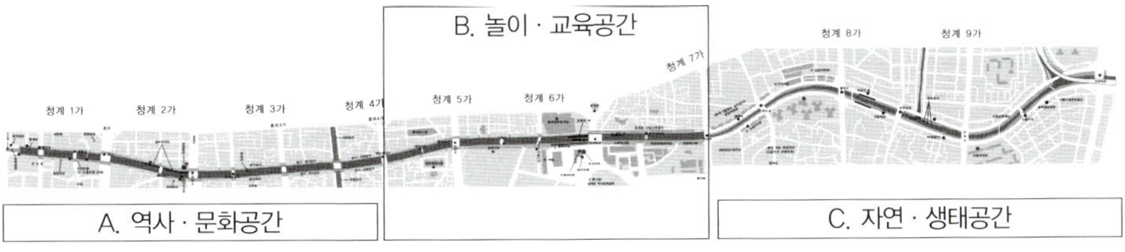

3-2 【B】 놀이 · 교육공간(4~7가)

북측의 벽(사진 오른쪽)은 2단으로 나누어져 벽 높이를 완화하고 있다. 멀리 새벽다리가 보인다

한국 최대의 쇼핑타운

마전교에서 다산교까지 청계 4~7가의 구간이 '놀이 · 교육공간'이다.

이 구간의 중심은 오간수교 근처에 있는 '패션광장'이다. 인간과 자연의 생태나 조화를 테마로 제작된 '문화의 벽'이나 시원스러운 물보라를 내리는 하천분수는 조촐하고 아담한 수상무대를 중심으로 많은 사람을 모으는 휴식의 장소이다. 또한 청계 수변의 벽에는 청계천의 역사를 나타내는 타일벽화가 장식되어 있어서 청계천의 변용과정을 알 수 있다.

청계 4가에서 6가까지 약 2km에 걸쳐서 그 양쪽에는 2~5층 건물의 잡거빌딩이 즐비하게 서 있고 뭐든지 살 수 있는 한국 최대의 상가가 이어지고 있다.

예를 들어 4가에는 전기, 조명 전문가게가 있고 4가의 배오개다리를 건너면 그 모습이 완전히 바뀌어 북측에 혼례용 의상 등의 천 제품이, 남측에 비닐 등 상업과 관계되는 물건, 광장시장의 안쪽에는 싸고 맛있는 음식점이 많이 있다.

청계 5가의 북측에 가방 · 용기 전문점, 남측에 수건 · 속옷전문점 · 헌 책방이 있다. 청계 6가는 최신 고층빌딩의 패션타운이 있어 여기에는 무엇이든지 있으며 뭐든지 먹을 수 있는 곳으로 젊은이나 외국인 관광객에게 인기가 있다.

한때의 창덕궁 후원의 '옥류천'을 표현하고 있다.

격류가 되어 있는 곳도 있다.

물가에서는 어른이나 아이들도 미소가 넘친다.

그리고 청계 6가의 북측은 구두전문점 거리이며 남측은 남녀 옷 등의 전문점 거리이다. 북쪽에는 한국의 보물 1호인 동대문이 있어 역사가 느껴진다. 동대문으로부터 약 10분 정도 북쪽으로 걸으면 바로 옛 성벽을 볼 수 있다.

옥류천과 징검다리

광장시장 앞에 위치하며, "구슬과 같이 맑은 물이 바위를 돌고 폭포와 같이 떨어진다"라고 하는 유래에서 이름이 붙여진 창덕궁 후원의 '옥류천'을 형상화한 조형물이다. 이것은 높이 2.5m, 폭 1m의 벽에서 나오는 샘이다. 옥류천은 창덕궁 후원 북쪽의 깊숙한 곳을 흐르는 시냇물로써 옥류천으로부터 떨어지는 물은 북한산 골짜기의 작은 폭포를 묘사한 것이다. 1636년에 큰 바위인 소요암을 깎아 둥근 도랑을 만들어 구슬과 같이 맑은 물이 바위의 주위를 돌고 폭포와 같이 떨어지도록 했다. 왕과 신하 등이 여기에 앉아 흐르는 물을 바라보면서 술잔을 주고받으면서 시를 지었다. 가까이에는 소요정, 태극정, 청의정 등이 있어 후원에서 가장 아름다운 경치를 자랑하는 곳이기 때문에 왕에게 가

새벽다리

새벽다리는 천막을 사용한 드문 디자인이다.

새벽다리는 청계 5가 동대문시장의 출발지점인 광장시장 근처에 있다. 이 주변은 1960년대에 청계천의 복개공사와 동시에 건설된 저층 빌딩이 여기저기 흩어져 있는 지역이다.

다리의 이름은 새벽시장의 활기를 이미지화하여 지어졌다. 다리의 길이는 23.2m, 폭 9m로서 보행자 전용 다리이다. Y자 아치형 골격 위에 천막을 친 보기 드문 디자인을 하고 있다. 천을 사용한 디자인은 재래식 시장의 지붕 천막을 이미지화한 막구조를 이용해 최신기술을 구사하고 있지만 동대문시장의 역사성 및 향수를 연출하고 있다

다리의 곡선과 텐트곡선의 대비가 잘 어울린다.

마전교는 벽돌을 사용한 디자인이 오래된 거리의 모습을 연상시킨다.

광장시장

방산시장

장 사랑받는 장소였다. 청계천의 옥류천 가까이에는 징검다리가 만들어져 있고 옥류천에는 물이 내뿜어져 계류가 되어 물의 즐거움을 연출하고 있다. 이러한 수법으로 일직선의 단조로운 물 흐름에 변화를 주고 있다.

마전교

세벽다리에서 청계 6가 방향으로 보이는 것이 마전교인데 다리의 규모는 길이 21.6m, 폭 40.5m이다. 이 다리는 예부터의 이름으로 다리의 주변에 소와 말을 매매하는 시장(마전)이 있던 것에서 이름이 붙여졌다. 우마시장의 유래를 표현하기 위해서 벽돌을 사용한 전통적인 디자인의 다리이다.

광장시장

광장시장은 100년이 넘은 1905년에 상설시장으로 탄생했다. 취급상품은 한복, 피륙, 직물 등의 의류관련 상품에서부터 음식점이나 식료품점까지 수많은 점포가 서로 북적거리고 그 수는 3,000을 넘는다고도 한다. 이곳의 분위기는 백화점 등에서는 맛볼 수 없다. 또 서울시내 시장 안에서도 그만큼 관광지화 되어 있지 않은 오래된 재래시장이다. 같은 장르의 음식점은 한 곳에 집중

청계 5가의 남쪽. 청계고가도로가 철거되고 저층의 건물이 보이게 되었다.

되어 있고 일반점포 형식을 취하는 가게뿐만 아니라 통로의 한가운데에도 포장마차 형식의 가게가 나란히 하고 있다. 그 모습은 확실히 시장이라고 할 만큼 어울리는 활기로 가득 차 있다.

식품, 의류의 종합시장–청계 5,6,7가 주변

청계 3,4가의 기계공구, 전기, 조명기구 거리를 지나면 청계 5가에서는 동대문시장 주변지역이 시작된다. 청계 5,6,7가는 의류, 패션, 구두, 잡화 가게가 모여있는 가로의 복합시설이나 오래된 잡거빌딩을 많이 볼 수 있다. 여기에는 청계천의 중심에 위치하는 동대문이 있어 관광지의 요소도 있고 젊은이가 모여 밤에도 활기가 있는 곳이다.

청계천로 북측에는 광장시장, 동대문시장, 동대문종합시장이 이어져 있고 남측에는 방산시장, 평화시장 그리고 현대식 쇼핑센터의 프레야타운, 두산타워, 밀리오레 등 빌딩이 우뚝 솟아 있다. 광장시장, 동대문시장, 동대문종합시장은 한국 최대의 혼례용품 전문시장이기도 하다. 동대문시장의 모체는 광장시장이며 1900년대의 대한제국시대에 한성부로부터 시장 개설허가를 받아 설립된 최초의 근대적 시장이다.

이 근처의 빌딩은 1층이 상점이고 2층 이상은 작업장으로 사용하는 경우가 많다.

광장시장은 큰 아케이드가 특징

동대문종합시장은 혼례의상 중심의 거대한 빌딩

평화시장은 의류품전문의 긴 빌딩

두산타워는 종합패션 빌딩

광장시장은 당시에는 남대문시장과 함께 서울의 2대 시장이었다. 6.25전쟁 때 화재로 인하여 몇 번이나 공사를 하고 아케이드 아래에 작은 상점이 모여 오늘과 같은 모습이 된 것이다. 품목은 예부터 농수산날이나 야재, 식물이나 견직물 등을 취급하고 있고 서울에서 제일 오래된 의류시장으로서 서울 내에서도 시장 같은 활기가 있는 분위기가 가장 느껴지는 곳이다.

평화시장 그리고 신평화시장, 동평화시장, 청평화시장이 쭉 이어져 있다.

평화시장

평화시장은 한국전쟁 때 월남한 피난민들이 평화를 기원해 세운 시장이다. 월남한 피난민들은 청계천 강변에 노점을 지어 재봉으로 옷을 만들어 직매하고 군복을 염색해 판매하면서 생계를 이어갔다.

1961년 청계천의 지하배수로화와 함께 여기에도 새로운 건물이 지어져 건물의 2, 3층에서 옷을 만들어 팔면서 점차 섬유수출산업의 선구자로서 성장했다. 그리고 이 기세를 타 차례로 신평화시장이 1969년, 그 동쪽으로 동평화시장 1969년, 청평화시장이 1983년에 건설되어 한국 최대의 의류품 시장이 되었다. 이 긴 건물은 중앙복도로 되어 있어 작은 점포가 모두 들어가 있다. 상품은 대부분이 여성 취향의 의류품이며 남성 상품은 적은 편이다. 1층 외부로 향한 가게에는 6가의 근처만 헌 책방이 들어가 있다. 6가의 북쪽에는 신발도매상 가게가 나란히 늘어선 건물에 '동대문 신발도매상가'라고 쓰여 있다. A동은 신사구두 · 부인구두 전문매장, B동은 가죽과 신발류, C동은 운동화 등이 판매되고 있다. 이 상가는 이 근처에서는 가장 싸고 종류가 풍부한 최신 유행의 신발 정보 발신지이다.

평화시장은 오간수교의 서쪽까지가 헌 책방이다.

1층의 헌 책방 이외는 의류품의 점포가 많다.

평화시장 사이의 길

평화시장 안의 자그마한 의류전문점

이명박 대통령과 청계천 시장

이명박 대통령은 가난한 소년시절에 청계천 상점가에서 이른 아침부터 아르바이트하고 밤에는 모친의 노점상 일을 도우면서 생계를 유지했다. 중퇴를 하더라도 어떻게든 대학 입시에 합격해 공부하겠다는 각오였으며, 공부를 하고 싶어 평화시장의 헌 책방에서 참고서를 샀다고 자서전에 쓰여 있다. 몇 푼인 되는 돈으로 책을 사기 위해 헌 책방 주인의 눈치를 보았고, 아침저녁의 육체노동으로 기진맥진이 되면서도 시험공부를 꾸준히 한 결과 마침내 고려대학 상학부에 합격했다.

그러나 원래 입학금을 마련할 형편이 안 되었기에 시장의 쓰레기를 처분하는 아르바이트를 소개 받아 쓰레기를 손수레에 가득 싣고 새벽녘에 가파른 비탈길을 오르내리며 격렬한 일을 계속 하면서 대학공부를 시작하였다. 대학 2년 때에는 모친이 겨우 시장 안에 한 채의 가게를 가질 수 있었다. 그러나 당시 대학생이있던 이명박 대통령은 이때부터 학생운동에 빠져들어 격동의 인생의 막을 열게 된다. 이명박 대통령에게 있어서 청계천 시장은 인생의 부화기라고도 할 수 있는 추억의 땅인 것이다.

나래교

나래다리. 2개의 스틸파이프로 나비가 날개를 펼친 것 같은 디자인으로 되어 있다.

나래교는 청계천 5가 평화시장 앞 동대문패션상가의 중심지역에 위치하고 있는 보행자 전용 다리이다.

동대문패션 거리가 세계의 패션 1번지로서 힘 있게 뻗어나가는 희망을 담은 아름다운 다리로서, 마치 나비가 날개를 펼치고 이제 곧 날아오르려 하는 경쾌한 디자인이다.

나래교는 폭 6.0m, 연장 22.8m의 3차원 아치와 케이블로 만들어져 있고, 다리를 지탱하고 있는 것은 2개의 스틸파이프로부터 뻗어있는 각 16개의 케이블이다. 통상의 아치다리와 달리 다리를 지탱하는 아치가 큰 구조로 되어 있다.

버들다리

전태일의 상반신 상이 알루미늄으로 만들어져 다리의 보도 위에 설치되어 있다.

오간수문五間水門의 상류에는 버드나무가 많았다고 해서 버들다리라고 불렀다. 평화시장 앞에 위치하고 폭 17.0m, 연장 23.3m의 교량이다. 보도와 차도를 분리하고 보도 위에 차양을 설치해 그늘을 만들고 있다. 과거에는 매우 열악한 노동조건으로 많은 젊은이가 일하고 있었다. 노동자 전태일도 그중 한 사람이었다. 너무 가혹한 노동조건의 개선을 위해서 열심히 활동하고 힘을 다해 항의를 했지만 결국은 뜻대로 되지 않아 자신의 몸을 불로 태워 자살했던 것이다.

궁핍한 노동자들의 노동조건 개선에 이바지한 그의 실적을 기념하고 전태일 기념사업회에 의해 이 다리에 그의 동상 설치가 추진되어 '희망'을 상징하는 알루미늄으로 만들어진 동상이 세워졌다. 주변은 전통적 재래시장과 헌 책방, 중구 구민회관이 있다.

이 근처는 봉제공장이 집중해 있다.

보도부분에는 차양이 설치되어 있다.

오간수교는 청계천의 중심부에 있고 상업패션의 중심이다. 오른쪽으로 가면 바로 동대문이 있다.

오간수교五間水橋

동대문으로부터 을지로 6가로 향하는 성벽 아래에 있던 다리이다. 규모는 폭 59.9m, 길이 22.9m, 남북을 묶는 대동맥의 다리이다. 오간수문 또는 오간수교라고 불렀지만 실은 문이 아니고 다리를 만들기 위한 다섯 개의 아치형태를 의미한다. 즉, 청계천의 물 흐름을 원활히 흐르게 하기 위하여 만들어진 것이다. 이 다리는 조선시대에는 죄인이 도성으로부터 빠져나가 도망칠 때와 또 한밤에도 성 안으로 잠입하기 위한 통로로 이용되었다. 예를 들어 명종시대(1545~1567년) 전국에서 이름을 알렸던 의적 임꺽정도 도성 안에 잠입해 도망칠 때 이 오간수문을 통해서 도망쳤다고 전해지고 있다. 이 다리는 1907년에 오간수문이 모두 철거되었기 때문에 이때부터 오간수교라고 불리게 되었다. 그 후 콘크리트로 복원되었지만 성곽이 제거될 때에 다시 해체되어 사라졌다. 현재 이 근처는 청계천의 중심부로써 일대 섬유관련 산업의 센터가 되고 있다. 섬유업계의 관계업자는 물론 남녀노소, 국내뿐만 아니라 전 세계에서도 구매하기 위하여 여기로 모여든다. 지금은 관광지로서도 인기를 끌고 있으며 서울 최대의 패션도시가 되고 있다.

오간수교에서 본 패션광장. 왼쪽은 평화시장, 오른쪽은 동대문종합시장

패션광장(문화의 벽)

여기는 청계천의 중심에 있고 상업패션의 중심지이기도 하다. 분수나 징검다리가 있어 아이들에게도 인기가 있다. 하천 위에 설치된 무대에서는 음악과 함께 패션쇼의 이벤트가 행해져 하천 주변은 많은 젊은이로 넘친다. 이 거리의 기세를 느끼게 하는 순간이다. '패션광장' 에는 5명의 한국인 예술가에 의해서 인간과 자연의 조화를 주제로 제작된 벽화 '문화의 벽' 이 있다. 그리고 동대문 의류시장의 직물을 이미지화한 '색동벽' 과 오간수교의 모뉴먼트도 있다. 작은 물가의 무대라고도 할 수 있는 이 문화공간은 시민의 휴식장소가 되고 있다. 이 도로 양측에는 서민의 패션거리인 평화시장과 헌 책방 거리 외에 두산타워나 밀리오레 등 젊은 층을 겨냥한 패션 전문점인 거대한 빌딩이 늘어서 있다. 그리고 거대한 동대문종합시장, 역사유산의 동대문과 아울러 남녀노소를 불문하고 사람들이 모이는 청계천의 중심지가 되고 있다.

동대문종합시장

동대문종합시장은 1760년 조선시대 영조 왕 때 준설 시 퍼낸 흙이 쌓였던 곳이었다. 여기에는 1898년 한국에 처음 전철이 도입되었을 때에 차고가 지어

문화의 벽. 역동적인 터치의 추상화

더위를 피하여 오간수교 아래에 모인 사람들

문화의 벽. 기하학적인 디자인

징검다리는 아이들의 장난기를 자극한다.

오간수교 아래. 무대도 설치할 수 있는 패션광장. 분수도 있어 아이들에게도 인기가 많은 장소

졌다. 이 전철차고는 1968년 서울로부터 지상전철이 사라질 때까지 그 기능을 유지하고 있었지만, 1970년 도시재개발사업에 의해서 지금의 종합시장 건물이 지어져 1985년에는 종로 쪽에 동대문쇼핑센터가 새롭게 지어졌다. 동대문종합시장은 7층 건물 전부가 통째로 시장으로 사용되고 있다. 1970년에 동양 최대 규모의 단일시장으로서 공개한 이래 각종 직물, 의류, 액세서리, 혼례용품 등을 취급하는 시장이다. 건물 안은 약 4,300의 상점이 들어가 있다. 이 시

평화시장 맞은편의 동대문종합시장은 혼례의상을 중심으로 모든 의류의 소재가 되는 천을 파는 가게로 가득 차 있다.

장에서는 신부가 결혼하기 전에 필요한 것을 취급하는 전문점이 많이 있는 것으로 인기가 있다. 한국의 전통의상인 한복 및 한복을 입을 때 필요한 노리개, 고무신, 머리장식 등이 갖추어진 시장이다. 각 매장에서는 한복 맞춤도 가능하다. 한복은 선과 곡선이 조화를 이룬 한국의 전통의상으로, 일본의 기모노와 중국의 차이나 의복은 원피스인 데 비해 우리 한복은 투피스이다. 치마는 스커트이며 저고리는 윗도리를 의미한다. 이것이 가까운 이웃나라이면서도 결정적인 의복문화의 차이점이다.

한복은 결혼식의 피로연이나 민속적인 경축일에 입는다. 한국의 풍습으로 결혼이 정해지면 신랑은 결혼 전에 신부용 한복 피륙을 마련하여 신랑의 친구와 함께 신부의 집을 방문한다. 이러한 행위를 '함을 판다.' 라고 하는데 대한민국의 특이한 결혼문화다. 그것을 받아주면 신부 측이 결혼을 승낙한 것이 되어 결혼이 성립된다. 이 때문에 신랑은 가능한 한 많은 피륙을 사서 신부 측의 관심을 끄는 것이다. 한편, 결혼이 정해지면 신부도 신랑 가족의 한복이나 피륙, 이불 등을 마련하여 신랑 측에 보낸다. 이런 이유로 동대문종합시장에서는 젊은 신부와 그 모친이나 친구들을 자주 볼 수 있다.

최신 패션타워에는 많은 젊은이가 모여 든다.

최신 패션타운

1990년대 이후 동대문운동장을 중심으로 건설된 최첨단 초대형 쇼핑센터는 평화시장 등 주변 재래시장과는 완전히 다른 젊은 층을 겨냥한 신선한 분위기를 발산하고 있다. 이러한 새로운 패션타운의 등장은 남대문과 동대문 의류시장의 세력권을 바꾸었다. 프레야타운, 두산타워, 밀리오레 3개의 빌딩점포수(7,200호)만으로도 남대문 의류상가 전체와 어깨를 나란히 할 만한 의류품 거리가 되었다. 이러한 패션타운이 동대문에 건설되면서 남대문시장을 역전하여 지금 전 세계로부터 관광객이 모이는 대쇼핑타운이 되었다. 청계 4,5가의 기계공구 거리와는 달라 청계천 복원으로 동대문시장은 발전의 기대로 가득 차 있다. 청계천의 부활에 의해 청계천 주변의 시장도 다시 활성화하게 될 것이다.

두산타워의 위치는 1980년대까지는 덕수상업고등학교의 부지였었다. 거기에 최초로 생긴 것이 두산타워이며, 그 후 차례차례로 쇼핑타운이 탄생하였다.

오간수교. 한때의 5개의 수문을 디자인한 모뉴먼트

색동벽은 이 주변의 섬유산업을 나타내고 있다.

*색동은 오색 빛깔의 헝겊을 층이 지게 차례로 잇대어 만든, 아이들의 저고리나 두루마기의 소맷감이다. 오색五色은 파랑, 빨강, 노랑, 흰색, 검은색인데 우리민족의 전통색깔이다.

맑은내다리

맑은내다리는 만곡한 2개의 다리를 2개의 아치가 매달아 올린 디자인이 독창적이다.

오른쪽의 긴 건물은 동대문 신발도매상가

만곡한 2개의 다리를 아래에서 올려보다.

청계 6가의 동평화시장 앞에 위치한 이 다리는 폭 13.5m, 길이 26.3m로 패션중심지의 상징성을 높이는 이미지의 아치와 크로스케이블로 구성되어 있다. 나래다리와 같이 나비가 활개 치는 모습을 표현한 다리이다.

이름은 '맑은 하천의 다리'의 의미로 청계천을 상징하는 다리의 명칭으로 결정되었다.

좌우의 보도가 크게 만곡하고 한가운데가 튀어나와 있다. 2개의 강관 아치와 케이블이 중앙에서 교차해 아름답고 재미있다. 나래다리와 비슷하지만 다른 콘셉트로 만들어진 독창적인 디자인이다.

다산교

다산교는 청계천에서 유일한 사장교다.

태양광선이 케이블에 비추면 사장교의 특징이 잘 나타난다.

조선중기 실학자인 다산 정약용(1762~1836년)을 기념하여 이름이 붙여진 도로인 다산로에 가설된 다리이다. 다리의 이름이 된 다산은 호이며 정약용은 본명이다. 다산은 유교사상을 근거로 나라의 개혁을 진행하려고 한 학자였다.

동대문시장은 그 범위가 넓어져, 여기까지가 동대문시장의 지역이라고 말할 수 있다. 이곳과 가까운 곳에 동묘가 있고 그 주변에는 노점상이 많아졌다.

이 다리는 1개의 지주로부터 케이블로 직접 매달아 올리는 형식의 이른바 사장교이다.

청계천 안내도 【C】 자연 · 생태공간(7~9가)

❶ 빨래터

❸ 영도교

❺ 황학교

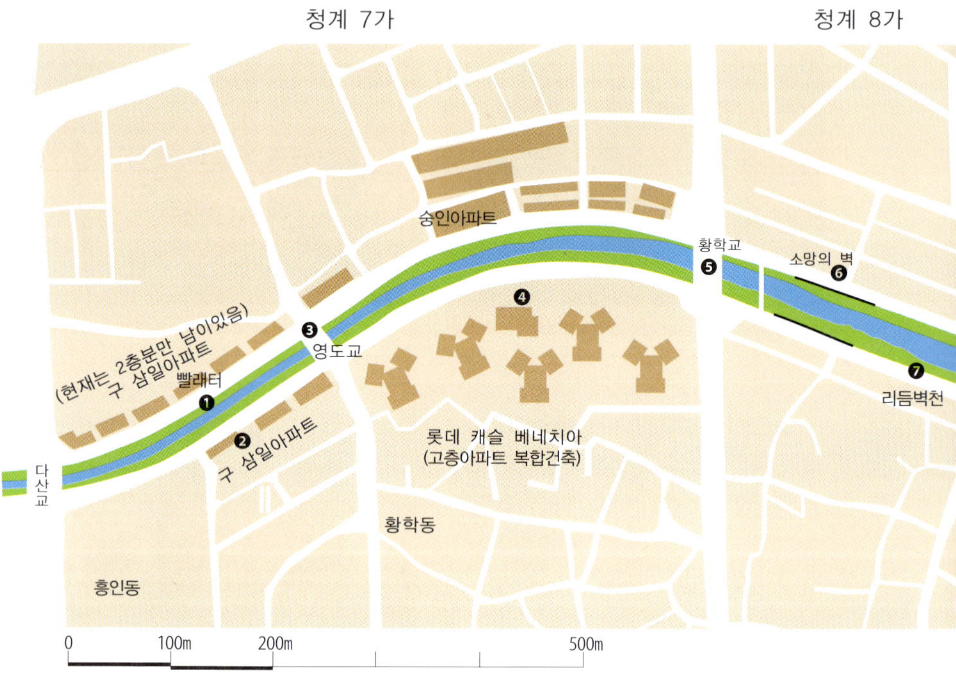

❷ 구 삼일아파트

❹ 롯데 캐슬 베네치아

❻ 소망의 벽

❼ 리듬벽천

❿ 터널분수

❽ 비우당교

❾ 존치교각

⓮ 고산자교

청계 9가

⓫ 청계벽산아파트

⓬ 두물다리

⓭ 청계천문화관

C. 자연 · 생태공간

A. 역사 · 문화공간

B. 놀이 · 교육공간

다산교에서 빨래터 근처를 바라봄.

재생을 실감할 수 있는 거리

다산교에서 이수교, 고산자교까지의 구간은 자연생태계의 회복을 주요 주제로 하고 있어 식물이 왕성하게 번성하고 새들도 볼 수 있게 되었다. 그뿐만 아니라 역사적 유산이나 미래의 희망이 담긴 기념물(memorial) 등도 있다. 그 주변에는 대규모 아파트가 차례로 건설되어 낡은 아파트와 섞이면서 완전히 새로운 풍경을 연출하고 있다. 100년 전의 생활풍경을 재현한 청계천 빨래터와 근대의 상징인 청계고가도로의 교각을 남긴 '존치교각'이 있으며, '청계천 문화관'에는 청계천에 대한 추억과 현실이 선명하게 전시되어 있다. 또한 '리듬벽천'과 '터널분수'는 대담한 디자인으로 친수공간을 만들고 있다. 게다가 젊은 연인들에게 인기가 있는 '이수교'는 청계천에 있는 22개의 다리 중에서도 가장 독특한 디자인이다. 이 부근은 중심부로부터 꽤 멀리 떨어져 있어서 여기까지 오는 사람은 적지만 청계천의 재생을 실감할 수 있다. 결코 무시할 수 없는 실속 있는 구간이다.

한때의 세탁을 하던 장소를 재현한 '빨래터', 버드나무의 큰 수풀이 물가에 깊은 그림자를 만들고 있다.

빨래터

일찍이 청계천은 생활을 위한 공간이었다. 옛날에는 일반적으로 빨래를 아무데서나 하는 것이 아니라 지정된 장소에서 하였다. 특히 개울가는 주부들이 모여서 빨래를 하는 장소임과 동시에 아이들의 놀이장소였다. 도성 안에서는 시민들에게는 빠뜨릴 수 없는 중요한 생활의 장소였다.

이러한 생활공간의 기억을 남기기 위하여 만들어진 빨래터는 석재를 사용한 현대적인 디자인으로 만들어져 있다. 옛 주부들의 슬프고 그리운 애환이 가득 찬 모뉴먼트이다. 지금은 여름이 되면 아이들한테는 즐거운 물장난의 장소가 되고 있다.

또한 옛 빨래터의 주변환경을 재현하기 위하여 충청남도 천안으로부터 옮겨온 16그루의 버드나무가 심어져 풍부한 초록의 나무그늘을 만들고 있다. 지금은 여기에서 세탁을 할 수는 없지만, 이 시대를 살아온 사람들의 추억을 살리고 아이들에게 옛날이야기를 들려주는 모습의 장소가 되었다.

영도교永渡橋

영도교 주위에는 계단이나 징검다리 등 놀이의 요소가 디자인되어 있다.

영도교 보도에는 횃불 같은 조명이 있다.

횃불과 같은 가로등과 부드러운 곡선이 있는 화강암 기둥으로 디자인한 것이 영도교의 특징이다.

이 다리의 이름은 조선왕조 제 6대 왕인 단종이 왕위를 빼앗겨 영월에 유배되어 갈 때, 단종의 왕비인 정순왕후가 여기까지 와서 영원의 이별을 안타까워한 것에서 영이별교로 불렸다고 전해지는 전설에서 유래하고 있다. 이곳 가까운 곳에는 중고품의 노점상으로 활기찬 황학동이 있다.

황학교黃鶴橋

황학교는 고층아파트 옆에 있고 투명한 벽과 천장으로 둘러싸인 보도로 구성되어 있다.

유리와 패널로 측벽과 천장을 감싸고 복도와 같은 공간을 가진 보도가 다리 양측에 있는 신비한 다리이다.

중앙에는 4차선의 차도가 지나고 있으며, 여기를 걸어 보면 확실히 건축물 안을 걷고 있는 듯하며, 창에서 하천을 바라보면 청계천의 풍경이 마치 한 폭의 그림 같다. 다리의 길이는 45m, 폭은 30m인데 여기를 지나면 거대한 상업복합건축물인 롯데 캐슬이 우뚝 서 있다.

마치 상자터널과 같은 보도부분

70년대를 대표하는 숭인아파트도 벌써 낡은 시대의 유산이 되어버렸다.

새로운 아파트와 오래된 아파트의 대비

청계 4,5가의 시장을 거쳐 청계 6,7가에 들어서면 도로 양측을 따라 병풍과 같이 늘어서 있는 낡은 아파트가 있다. 흥인동과 황학동 전체 24동에는 1020세대의 사람들이 살고 있었다. 1~2층에는 상점, 3~7층은 주거부분이라고 하는 이른바 주상복합건축물이다, 삼일아파트는 1970년에 철거된 청계천 강변의 판잣집 마을 거주민에게 저렴한 집세의 공동주택을 제공하기 위해서 건설된 것이었다.

이것이 청계천고가도로의 남북에 세워진 서울시 최초의 서민아파트였다. 여기에는 엘리베이터가 없고 방은 2개로 약 10평 정도이며 마루와 온돌방으로 된 간단한 구조였다. 온돌은 연탄보일러로 당시에는 최신식 난방방식이었다.

청계천 복원과 함께 본격적인 아파트 철거작업이 끝나고 현재 이 장소에는 35층 규모의 대형 주상복합빌딩이 들어서 있다.

불과 40년 동안 판잣집에서 서민아파트로, 그리고 초고층 주상복합아파트로 커다란 변화를 가져왔다. 이와 같이 여기에서는 서울의 새롭고 오래된 두 시대의 대비를 볼 수가 있다. 이것이 서울의 도시개발의 역사를 선명하게 보여주는 한 단면인 것이다.

현대적인 아파트를 대표하는 거대한 복합건축

황학동의 변천

이 거대한 복합건축의 뒤편이 일제강점기 시대에 농산물시장으로 유명한 황학동이다. 6.25전쟁 후에는 여기에 중고품시장이 등장하기 시작하였다. 전쟁 후 북쪽에서 피난해온 사람들이 청계천 주변에 판잣집을 짓고 중고품을 모아 팔기 시작한 것이 황학동 중고품시장의 기원이다. 1960년대에는 폐품업자가 세력을 확장하였다. 당시에는 경제개발과 새마을운동에 의해 도시나 농촌의 낡은 생활도구가 폐품이 되어 여기 황학동에 모였다. 이것이 골동품이 되고 부유층으로 넘어가 골동품전문시장으로 유명해졌다. 1970년대 들어서면서 청계고가도로의 건설에 수반하여 청계천 주변의 판잣집을 철거하고 그 주민을 새로운 철근콘크리트의 삼일아파트로 이주시켰다.

1980년대에는 86년 아시아대회와 88년 올림픽의 서울 유치가 정해지면서 정부는 외국인의 눈을 의식해 열악한 환경에 있는 골동품점 대부분을 장안동으로 이전시켰다. 이것을 계기로 황학동은 시계, 가전제품 등의 중고품시장으로 탈바꿈하였다. 1990년대에는 아파트 하층부의 중고품점과 도로 주변 노점상의 중고품점이 병존하였다. 이처럼 황학동 중고품시장은 청계천의 역사를 반영한 거리로서 오늘날까지 이어지고 있다.

비우당교庇雨堂橋

비우당교는 2개의 아치에 매달려 있다.

청계천의 지류인 성북천이 청계천으로 흘러든다.

비우당교는 청계 8가에 위치한 길이 44.5m, 폭 26.5m의 4차선 도로의 다리이다. 양옆의 아치와 케이블이 다리를 지탱하고 있는 단순한 다리이다. 그 이름은 조선 세종시대의 실학자 이수광 선생의 생가 '비우당'에서 유래하고 있다.

청계천의 지류

청계천의 지류는 이전에는 많이 있었지만 재생된 지류는 세 개밖에 없다. 그 중 하나가 성북천이다. 이 지류는 다행히 복개되지 않고 하천이 남아 있었던 덕분에 재생되었다. 재생 전에는 오염된 하천이었지만 지금은 놀라울 정도로 깨끗한 물이 흐르고 있다. 이것은 상류가 정비되어 있고 깨끗하기 때문이다.

무학교無學橋

무학교는 트러스구조의 다리

무학교는 청계 8가의 고층아파트를 포함한 복합빌딩 앞에 위치한다. 이 다리의 규모는 폭 34.8m, 길이 43.6m이며 삼각형 트러스가 다리를 지탱하도록 디자인되어 있다. 다리의 명칭은 조선개국 초기 태조 이성계의 명으로 당시의 서울의 투지를 보고 온 고승 무학대사의 이름에서 유래하고 있다.

무학대사는 제 1장에서 소개했던 대로 조선왕조에서 중심을 이룬 승려였다. 대사는 이 근처까지 조사하면서 서울을 새로운 수도의 땅에 어울린다고 판단했다고 한다. 무학교無學橋는 발음이 같아 舞鶴橋라고 쓰여 있는 팸플릿을 본적이 있는데, 전자는 학문이 없다는 의미이고 후자는 학이 춤을 춘다는 의미이다. 그러나 무학대사無學大師에서의 무학은 학문이 없다는 뜻이 아니고 더 이상 배울 것이 없다. 즉 도사道士를 의미한다.

큰 비가 내릴 때 하수관으로부터 물을 방류하는 방류구의 문 디자인은 대한민국의 전통문의 모양으로 되어 있다.

'소망의 벽' 서울시민을 비롯한 국내외 사람들의 메시지를 타일에 그렸다.

'소망의 벽'에는 2만 명의 타일화가 새겨져 있다.

제주도의 상징인 하루방

소망의 벽

황학교와 비우당교 사이의 하천 양쪽 측벽에 설치된 '소망의 벽'은 청계천 복원사업에 찬동한 서울 시민은 물론 전 국민 그리고 해외에서도 희망자가 참가하여 만든 모뉴먼트이다. 합계 2만 명이 자신의 소망이나 소원을 각자 생각대로 문자와 그림으로 타일에 새긴 것이다. 거기에는 남북통일, 세계평화, 가족의 건강 등 절실한 소원이 담겨져 있다. 벽화는 높이 2.2m, 길이 50m인데 그 안에 10cm의 정사각형 도기의 타일로 가득 차 있다.

물고기가 청계천을 거슬러 올라가는 모습을 표현한 '리듬벽천'

이 근처는 초목이 번성하여 인공하천이라고는 생각되지 않을 정도로 풍부한 자연을 느끼게 한다.

리듬벽천

리듬벽천은 벽면을 통하여 유지용수維持用水가 흐르도록 하여 물을 즐길 수 있는 공간이다.

높이 5m, 폭 20m의 대리석 벽에 검은 타원형의 돌이 마치 물고기가 하천을 거슬러 올라가는 모습을 표현하고 있다. 밤이 되면 여러 가지 색의 조명과의 조화가 아름답다. 물가에는 갑판을 마련해 하천의 물과 가깝게 느낄 수 있는 친수공간을 구성하고 있다.

터널분수 아래를 걷는다.

존치교각과 터널분수

2003년 8월에 청계고가도로의 교각 일부를 기념의 모뉴먼트로서 철거하지 않고 비우당교와 무학교 사이에 있던 3개의 교각만을 남겨두었다.

일찍이 근대화의 상징인 청계고가도로의 교각을 남긴 것은 후세대에 청계천의 고가도로와 하천의 복원의 의미를 전하여 청계천 복원의 역사적인 의미를 되새기기 위한 것이다.

고가도로를 모르는 젊은 세대들에게도 이 모뉴먼트는 그 존재와 역사를 박력 있고 설득력 있는 말이 필요 없는 매개체인 것이 틀림없다.

한편, 분수에서 수평으로 분출하는 수류가 조명과 함께 화려한 터널을 형성하는 모습은 정말 즐겁고 아름답다. 길이 50m의 비우당 터널분수는 전부 42개의 노즐이 설치되어 있고 물보라의 분사거리는 16m나 된다. 밤에는 조명이 아름다운 터널의 광경을 만들고 있으며, 5m 높이의 돌담 위로부터 분출되는 물이 조명(light up)으로 화려한 터널을 만들면서 하천으로 흘러 떨어지고 있다.

청계천은 역사를 의식한 모뉴먼트가 많지만, 여기에도 역사와 현재가 만나는 장소가 있었다.

터널분수, 존치교각, 비우당교가 겹쳐서 보인다.

과거에 고가도로였던 3개의 교각이 하천에 남아 있다.

청계 8가 주변은 고층아파트가 늘어서 있지만 초목은 파릇하게 우거져 있다.

청계 9가까지 오면 고요함을 느낀다.

강을 비스듬하게 건너는 긴 징검다리

청계 8가에서 청계 9가를 바라봄. 하늘이 넓게 느껴진다.

교각 밑의 6개의 문은 큰 비가 내릴 때 하수관으로부터 방류하는 수문이다.

청계 8,9가의 전경. 복원 후의 도시환경의 변화를 잘 알 수 있다.

자연과 생태계의 회복

청계 7,8,9가는 버드나무나 갯버들, 꽃창포 등 각종 수생식물 등 생물의 생식공간으로서 청계천 안에서 가장 자연이 풍부한 장소이다.

여기에서는 어류, 양서류, 조류 등 다양한 생물들의 자연생태를 볼 수 있다. 또한 검둥오리나 백로 등도 눈을 즐겁게 해준다. 청계천은 도시 중심부에 풍부한 초록을 만들어내는 것에 성공했고, 그 초록은 서울시민에게 있어서 매우 소중한 장소이다.

이 구역이야말로 자연과 생태계의 회복을 가장 실감나게 해주는 장소이다. 자연환경이 좋아졌기 때문인가, 이 주변은 한때 저층低層의 지저분하게 어질러진 거리에서 벗어나 초고층 복합건축이 빠른 속도로 지어지고 있다. 그 건물의 규모는 크고 디자인은 대담하다. 여기에서는 주변환경이 격렬하게 변하고 있고, 지금까지 본 적이 없는 새로운 풍경에 놀라울 수밖에 없다.

청계천 문화관

청계천 문화관은 청계천의 역사와 문화를 한눈에 볼 수 있는 현대건축물이다. 청계 9가의 하류에서 그 존재는 잘 알려지지 않았지만 청계천을 걷기 전에

현대적인 디자인의 청계천 문화관과 과거의 판잣집을 재현한 판잣집 전시관

청계천 문화관을 견학하면 한층 더 이해가 깊어지고 산책을 즐길 수 있다. 1층은 상설전시관이 있어 외부 에스컬레이터에 의해서 4층에 오른 후 관람하면서 계단을 사용하지 않고 1층까지 자연스럽게 전시를 보면서 내려갈 수 있는 구조로 되어 있다. 일본어, 중국어, 영어로 된 팸플릿도 있어 외국인들도 관람하면서 한결 이해하기 쉬울 것이다. 관내에 들어가기 전에 옥상에서 청계천을 바라볼 수 있다. 여름에는 청계천으로부터의 시원한 바람이 불어 매우 기분이 좋다. 실내에 들어오면 4층 로비에는 서울 시내의 모형이 있어 청계천의 위치관계를 잘 알 수 있다. 여기서 조금 앞으로 가면 6 · 25전쟁 전후의 궁핍한 시대의 청계천 모습과 그 후의 복개과정을 영상과 디오라마diorama로 재현하고 있다.

또한 1980년대 이후의 청계천과 그 일대의 모습과 고가도로의 모습을 볼 수 있고 청계천의 지하공간을 체험할 수도 있다. 여기에서는 복원공사의 모습을 패널과 영상, 모형을 통해 시각적으로 소개하고 있다. 그 다음은 청계천의 복원모습을 애니메이션 동영상으로도 관람할 수 있다. 아래층으로 내려가면 조선왕조시대의 청계천이 자동으로 설명되고 마지막에는 미래의 청계천에 도착하여 꿈의 청계천을 소개하고 있다. 청계천을 산책한 뒤에 여기를 방문해도 괜찮고, 사전에 여기서 예비지식을 얻고 산책해도 좋을 것이다.

고가도로를 이미지한 디자인

청계천 문화관 내부는 개방적인 현대건축이다.

예전에 청계천의 물가를 꽉 메웠던 판잣집을 재현하고 있다.

재현된 청계천의 판잣집

청계천 문화관의 맞은편 바로 앞에 1960년대부터 70년대의 당시 청계천 주변에 있던 판잣집의 모습을 재현한 것이 있다. 일용잡화를 파는 상점에는 아이들에게 인기가 있던 과자가 전시되어 있는 등 내부까지 자세하게 재현되어 있다. 또한 당시의 온돌난방에 사용된 연탄도 있다. 방은 좁고 싼 가구나 이불이 있어 당시의 궁핍했던 생활을 느끼게 한다. 과거에 이러한 방 안에서 본 청계천은 과연 어떻게 보였을까?

시설의 입장은 무료로 자유롭게 관람할 수 있다. 청계천 주변은 경제의 성장과 그 그늘에서 생긴 여러 가지 혼란이 섞인 지역이었다. 이 자료관에는 바로 30년 정도 이전의 궁핍했던 시대가 재현되고 있지만 당시의 사람들이 필사적으로 살았던 모습을 생각나게 해준다. 이곳을 방문하는 사람들에게는 옛날의 괴로웠던 생활도 이제는 과거의 그리운 추억으로 남을 것 같은 느낌이 들 것이다. 지금의 번영도 이러한 시대를 거쳤기 때문에 이루어졌다는 것을 잊어서는 안 된다고 생각한다.

두물다리 二水橋

두물다리는 1개의 지주가 다양한 각도의 불규칙적인 강철봉으로 다리를 끌어올리고 있다.

두물다리는 길이 43m, 폭 6m의 보행 자전용 다리이다. 하천 안에 있는 한 개의 지주에서 불규칙한 8개의 강봉이 다리를 매달아 올리고 있다. 다리는 이 지주를 사이에 두고 양측에서 역방향으로 만곡해 다시 만나고 있다.

이 디자인은 청계천과 성북천의 만남을 상징하고 있지만, 이 때문에 이 다리는 연인들의 만남의 장소로 여겨져 거기에 연관된 이벤트를 하거나 데이트 장소로서 사랑받고 있다. 다리 아래의 철망에는 많은 자물쇠를 걸어놓고 있는 것을 자주 볼 수 있다. 이것은 두 연인의 단단한 맹세를 의미하는 것이다.

이 다리는 현상공모로 최우수작으로 선택된 디자인이 그대로 실현된 것이다.

고산자교古山子橋

버들습지에서 고산자교를 바라봄

고산자교는 청계천의 종점인 성동구 행당동 교차점에 있는 길이 88m, 폭 43m의 다리이다. 제방에는 충주시로부터 기증된 사과나무 100그루가 심어져 있다. 이 다리 위를 달리는 고가도로는 서울의 강북 중심부를 달리는 도시고속도로이다. 마포구로부터 성동구까지를 연결하는 총연장 22km로 지금은 서울에서는 유일한 고가도로이다. 고산자교의 이름은 김정호의 호로 지어진 것이다. 김정호(1804~1864년)는 당시의 정교한 전국지도인 '대동여지도'를 작성한 지리학자이다. 여기에는 청계천의 지류인 정릉천이 흐르고 있다. 여기에서 하류로 가면 또 하나의 지류인 중랑천과 합류한다. 이러한 지류는 다행히도 유일하게 남아 있는 청계천의 수로이다.

청계천 지류의 하나인 정릉천

청계 9가. 내부순환고속도로가 청계천을 횡단하고 있다.

각종 수생식물을 관찰할 수 있다.

청계천에서 자연생태가 가장 풍부한 장소이다.

버들습지

버들습지는 고산자교의 근처를 말한다. 여기에서는 어류, 양서류, 조류 등 여러 가지 생물의 서식공간을 확보하기 위해서 조성된 습지로 청계천 복원구간에서 가장 자연적, 생태적인 공간이다. 이 지역은 조류보호구역으로서도 지정되어 있다. 청계 9가에서 하류, 즉 한강에 유입하는 중랑천과 합류하는 곳까지는 자연과 생태계를 살리는 공간으로 구성되어 있다.

이 구간에서는 하천의 부활과 동시에 비오톱이 완성되어 있다. 그리고 사람도 적고 조용하며 강물이 유유하게 흐르는 분위기가 고요함을 느끼게 한다. 물가에는 물고기나 백로의 모습이 보이는 등 여러 가지 생물을 관찰할 수 있다. 이러한 현상은 하천의 복원뿐만 아니라 자연공간의 회복과 함께 생태계의 회복에도 성공했다고 말할 수 있다.

청계천 팔경

청계천에는 여러 가지 볼만한 곳이 많지만, 그중 대표적인 풍경을 8개소로 지정해 '청계천 팔경'으로서 사랑받고 있다.

청계 1경 : 청계광장

청계천의 출발지점에서 물이 흘러 떨어지는 2단의 폭포 등이 있는 휴식 장소이며, 각종 이벤트의 장소이기도 하다. (128페이지)

청계 2경 : 광통교

청계천 복개에 의해 오랫동안 잠자고 있던 다리가 복원된 청계천 안의 대표적인 역사유산이다. (135페이지)

청계 3경 : 정조반차도

도자기 타일의 벽화에는 조선시대의 왕이 부모님의 성묘를 하는 모습이 그려져 있어 가로 192m, 세로 2.4m의 벽화에 재현되고 있다. (139페이지)

청계 4경 : 패션광장(문화의 벽)

수상에서 패션쇼의 이벤트를 하기도 한다. 하천의 벽면에는 예술가들에 의한 벽화가 있어 '문화의 벽'이라고 말하고 있다. (163페이지)

청계 5경 : 청계천 빨래터

옛날에는 청계천에서 아낙네들이 세탁하고 있었다고 한다. 비스듬하게 깎아진 세탁용 돌이 당시의 모습을 재현하고 있다. (173페이지)

청계 6경 : 소망의 벽

2만 명의 시민과 온 국민이 스스로 소원을 담아 그린 타일로 장식되어 있다. (180페이지)

청계 7경 : 존치교각과 터널분수

청계고가도로 철거 때 3개의 교각만을 기념으로 남긴 것이다. 청계천 복원의 역사적 의미가 새겨진 장소이다. (182페이지)

청계 8경 : 버들습지

버드나무가 많고 수생식물이 무성해 물고기나 물새도 많이 생식한 곳으로 청계천 중에서 생태계가 가장 풍부한 장소이다. (190페이지)

3-4 주변의 시장 · 노점 · 지하상가

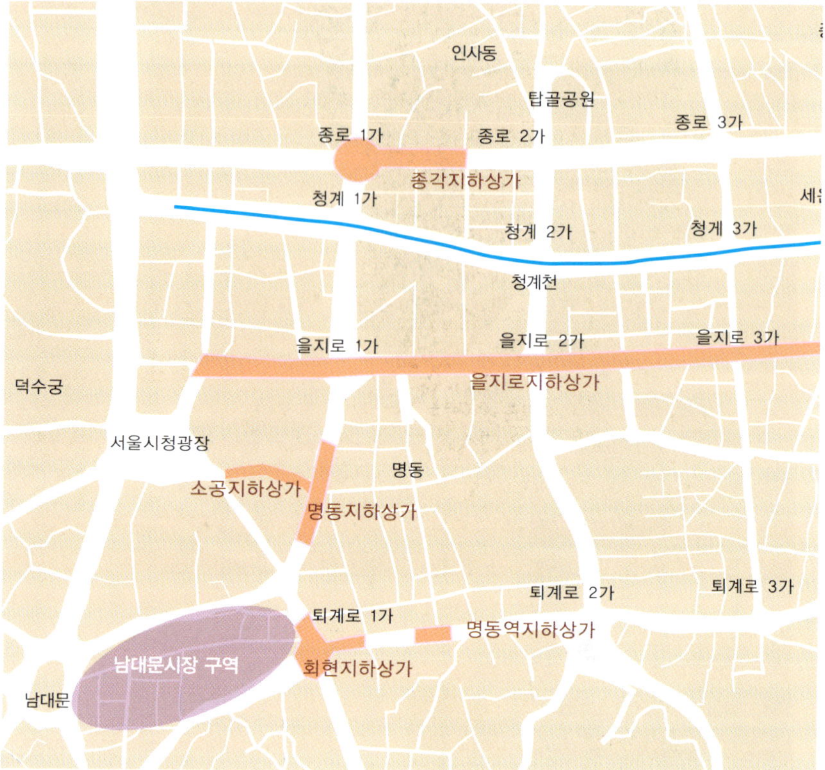

청계천을 둘러싸는 거대한 상업공간

청계천은 단순한 하천이 아니다. 서울 시민에게 있어서는 생활의 장소 그 자체이다. 하천 주변에는 사람들이 살고 일하는 장소가 있어 거기에는 자연스럽게 노점이 생기고 시장이 형성되어 서민의 일상생활을 지지해 왔다. 시장 안에는 작은 가게가 즐비하게 늘어서 있으며 상인과 서민을 상대로 장사하고 있다.

일본과 같이 거대 자본에 의한 체인점이 거리를 지배하고 개인상점을 쫓아버린 도시와는 다른 서울의 시장에서는 서민들의 넘치는 생명력을 느낄 수 있다. 서민들이 행정이나 큰 기업에 의지하지 않고 빈손에서 시작하여 자신의 힘으로 살아가려는 강력한 생명력을 발휘하면서 씩씩하게 사는 모습을 볼 수 있는 것도 서울 거리의 매력 중 하나이다.

청계천 주변에는 그림과 같이 예로부터 남대문 · 동대문 · 중부 3개의 큰 시

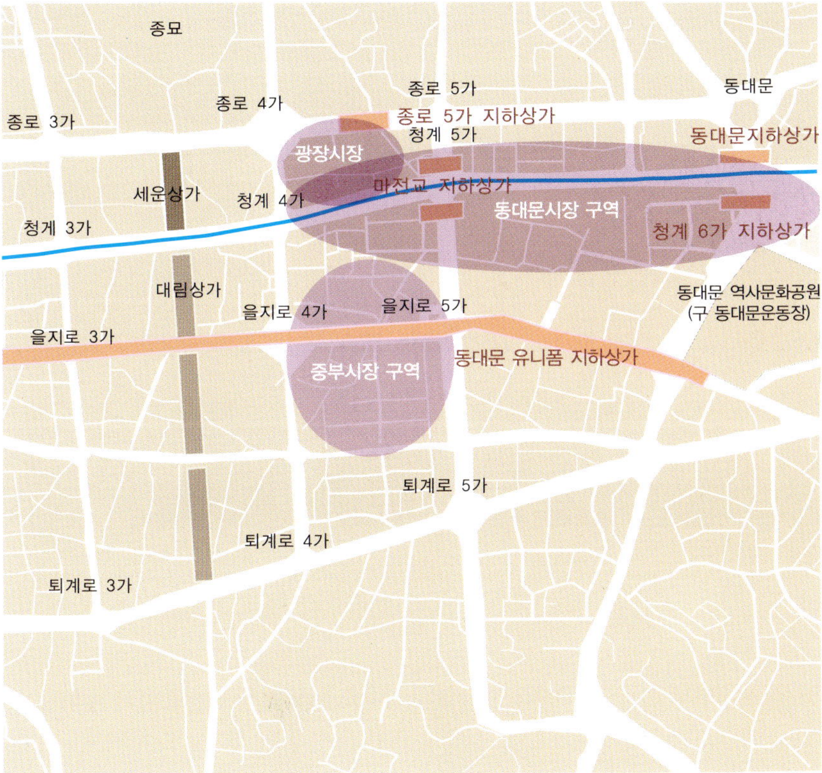

청계천 주변의 시장과 지하상가

장구역이 있어 청계천 주변의 상점과 함께 발전하여 지금도 각각 이 개성적인 특색을 발휘하면서 이어나가고 있다.

이전에는 청계천의 양측 보도에 노점이 늘어서 있었지만 청계천의 재생과 함께 차츰 쫓겨나 지금은 거리의 뒤편으로 몰리고 있다. 그러나 청계천 주변에서는 동대문을 중심으로 아직 꽤 남아 있는 것도 있고 거리 곳곳에 새롭게 재생하여 씩씩하게 살아 있는 모습을 볼 수 있다.

서울의 중심지에는 지하철의 발달과 함께 지하도가 꽤 발달되고 있어서 거기에는 반드시 상가가 형성되고 있다. 서울의 기후는 대륙성으로 여름은 매우 덥고 겨울은 매우 춥다. 이 때문에 극단적인 바깥기온에 좌우되지 않는 지하상가는 특히, 여름철과 겨울철에는 서울 시민에게 있어서 몹시 고마운 존재인 것이다. 지하상가도 지역적인 특색이 있어 각각 독특한 발달을 이루고 있어 서울 거리의 매력 중 하나가 되고 있다.

좁은 길에도 가게가 가득 차 있다.

남대문시장

긴 역사를 자랑하는 전통적이고 고전적인 대한민국 최대의 시장이 서울의 남대문시장이다. 옛날부터 서울 사람들의 생활을 계속 지지해온 종합시장으로 일종의 독특한 문화공간을 만들어내고 있다. 또한 대한민국의 일반적인 생활이 촘촘하게 들어 있는 곳이다.

그 주위에 인접해 있는 명동, 시청 등의 지역에서 새로움이나 편리함을 추구하면서 패션세계가 현대화된 데 비해 남대문시장의 일각만은 서울이라고 하는 대도시 안에서 아직은 옛 풍경이 풍기고 있어 1960, 70년대의 향수를 느낄 수 있다.

서울의 중심가에 있기 때문에 현지 사람뿐만 아니라 관광객의 쇼핑장소로 유명하다. 수많은 작은 가게가 빽빽이 들어서 있고 야채꽃, 액세서리, 안경, 민속공예품, 의류, 생활용품, 구두, 가방, 전기제품에 이르기까지 품목별로 영역이 나누어져 있다.

남대문시장 중심부

때 미는 수건을 파는 노점상과 김을 파는 가게가 보인다.

광장시장의 중심부는 아케이드가 교차하는 장소로서 아침부터 밤까지 사람이 모여드는 인기 있는 포장마차들이 있다.

동대문시장

과거에는 동대문에서 서쪽으로 약 1km에 걸쳐서 퍼져 있는 일대가 동대문시장이라고 하였는데, 지금은 동대문으로부터 동쪽으로 약 1km에 걸쳐서 신평화시장까지 확대되고 있다. 본래의 동대문시장은 종로쪽 청계 5가에서 6가 사이뿐으로 청계천의 북쪽 뒤편을 가리킨다. 현재 청계 5가는 등산용구, 6가는 음식점이 많지만 여기는 연탄 생선구이 전문 가게가 유명하다. 또한 청계 5,6가 사이는 선반작업, 주방도구, 가내공업과 같은 작은 공장과 오래된 가게가 많다. 동대문시장에서 평화시장은 의류로 유명하지만 여기는 헌 책방으로도 유명하다. 또 광장시장은 다양한 음식으로 인기가 있는 포장마차가 많이 줄지어 있다. 밤이 되면 활기가 있고 서민적인 분위기를 느끼게 한다.

동대문시장은 1990년대 이후에 새로운 의류쇼핑 빌딩이 차례로 오픈하여 현대적 시장으로 양상이 바뀌면서 고층빌딩의 쇼핑센터가 많이 들어섰다. 겉에서 보면 백화점과 별다른 게 없지만 안에 들어가면 시장과 같이 대중적인 이미지가 있다. 큰 빌딩 가운데 같은 업종의 가게가 정연하게 있고 영화나 음식점, 이벤트 시설 등도 있어 즐길 수 있는 시장으로 되어 있다.

연탄 생선구이 전문음식점

광장시장의 밤은 활기가 있다.

오래된 가게와 작은 공장이 많다.

평화시장의 1층에는 헌 책방이 줄지어 있다.

왼쪽이 평화시장, 오른쪽이 동대문종합시장

수건전문가게

평화시장 안의 모습

평화시장의 뒷골목

중부시장의 주요한 상품은 건어물과 젓갈류이다.

이와 같이 동대문시장은 잠자지 않는 패션시장이라고 불리는 고층 빌딩의 쇼핑센터가 중심이 되고 있다.

중부시장

중부시장은 1950년대부터 현지 사람에게 사랑을 받아온 재래식 시장으로, 청계 5가에서 방산시장을 지나 을지로 5가 남쪽에 위치하고 있다. 약 3만 평의 부지에 1,000채 정도의 점포가 줄지어 있다. 주변 남대문시장과 동대문시장과 같이 도매와 소매가 이루어지고, 시장이 문을 여는 새벽 2시부터는 업자가 상품을 사들이고 오후부터는 주부 등 일반 손님을 상대로 하고 있다. 중부시장은 조기, 오징어, 말린 새우, 다시마, 김, 굴비, 젓갈류, 말린 과일 등을 취급하는 국내 최대의 건어물 도매시장이다. 일반가정에서는 건어물을 요리로 많이 사용하기 때문에 상비식품으로 사용되고 있다.

시장의 남쪽으로 쭉 걸어가면 서울에서 유명한 냉면가게가 몇 채가 있다. 물론 역사가 있고 맛은 최고이다. 필자는 서울을 방문하면 반드시 중부시장을 지나 이 냉면가게에 들른다. 게다가 이 근처에서 태어났기 때문에 40년 이상 지난 지금도 그 맛을 잊을 수 없다. 중부시장은 그 당시부터 거의 변화가

중부시장은 시장길의 중앙까지 천막이 뻗어 있다.

우측도로 아래에는 남산으로부터 흐르는 청계천 지류가 흐르고 있다.

없다. 바뀐 것은 시장의 우측으로 흐르고 있던 청계천의 지류가 복개된 것뿐이다.

노점

동대문 근처의 작은 노점. 발밑에 자그마하게 상품을 늘어놓았을 뿐 신출내기의 노점상이다.

계속 증가하는 노점

서울에서는 번화가나 지하철의 역 주변 큰길에 접한 보도 등에서는 수많은 노점이 장사하고 있다. 자동차로 포장마차를 이동하는 것에서부터 땅바닥에 짐을 펼치는 노점 등 가게의 형태도 다양하다. 이러한 노점 수는 해마다 큰 폭으로 증가하고 있어 경쟁이 심하다. 관광객에게도 인기 있는 쇼핑구역인 명동 주변의 노점수도 증가하고 있는데 지하철의 신노선이 개통하면 그 주변에 노점이 증가할 것이다. 서울은 이러한 노점들이 이미 가득 차 있다. 속설에 불황이면 노점이 증가한다고 한다.

서울시는 단속이 느슨해진 1999년부터 노점이 눈에 띄게 증가하면서 주요 대로가 포화상태가 되고 있다고 분석하고 있다. 이 때문에 서울시는 지하철의 출입구나 버스정류소, 건널목 주변의 교통을 방해하고 있는 불법노점에 대하여 철거에 나서고 있다. 또한 음식계의 노점은 주변 식당이나 선술집 등의 영업에 지장을 가져오고 있다.

그러나 길가에 있는 노점은 한편으로는 보는 즐거움을 주며, 예부터 우리에게 익숙한 떡볶이나 어묵 등을 팔고 있는 포장마차에서는 우리 고유의 식문화를 접할 수 있다. 이러한 노점은 청계천의 복원에 의해 많이 이동했다. 교통의

가게 앞의 노점

도로상에 상품을 늘어놓은 노점

포장마차가 되어 있는 노점

노점이라고 하기보다 꽤 점포에 가까워지고 있다.

세련된 디자인, 현대적인 노점이다.

방해나 위생적인 문제 그리고 앞으로도 계속해서 증가하는 것도 문제이지만 노점문화를 완전히 사라지게 하는 것은 좋지 않다고 생각한다. 따라서 노점상도 시대의 변화에 대응하는 노력이 필요하다고 생각된다.

지하상가

명동역 지하상가

명동역 지하상가, 지하철 4호선 입구

젊은이가 모이는 인기 있는 액세서리 가게

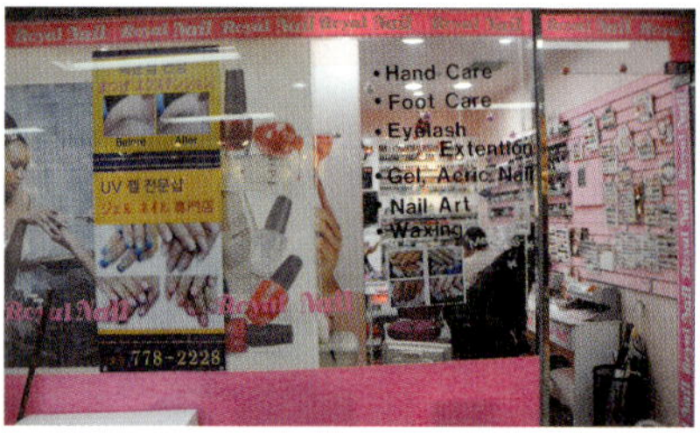

네일아트 가게

여성 옷의 가게가 많다.

청계천 주변의 지하상가

서울 중심부의 도로는 폭이 넓고 건널목이나 신호가 적다. 그 대신에 지하도가 많고 지하를 지나는 보행자도 많다. 이렇게 발달한 지하도를 단지 통로로 놔두는 것이 아깝다고 생각했는지 다양한 점포가 지하에 잠입해 가게를 열어 쇼핑거리를 만들고 있다. 특히 서울의 청계천 주변을 지나는 큰 도로 아래에는 여기저기에 지하상가가 있어 어디든지 쇼핑객으로 떠들썩하다. 이 지하상가들은 청계천을 중심으로 넓게 확산되어 있고 팔리고 있는 상품은 일견 어디든 비슷한 것처럼 보이지만 실은 상가마다 분명히 특징이 있다.

이러한 지하상가를 크게 분류하면 동대문시장, 명동, 종로 지역으로 나눌 수 있다. 동대문시장 구역에 5곳, 명동 구역에 3곳, 종로 구역에 1곳, 총 9곳의 지하상가가 존재하고 있다. 그중에서도 을지로의 지하통로 약 3km는 가장 긴 상가인데 명동과 동대문 지역을 연결하고 있다. 이러한 주된 지하상가의 특징은 다음과 같다.

회현역 지하상가

중고음반 레코드점

골동품 가게

가방전문점

회현 지하상가

명동과 신세계백화점을 연결하는 위치에 있다. 이 지하상가는 지하통로로서 명동 구역과 남대문시장이라고 하는 주요한 쇼핑 명소를 연결하고 있다. 이곳을 잘 이용하면 효율적으로 쾌적한 산책이나 쇼핑을 할 수 있다.

여기에는 약 200개 이상의 가게가 서로 북적거리고 있고 특히, 옛날 화폐, 우표, 골동품을 취급하는 가게가 많아 선 세계 각국의 돈이나 우표 등이 판매되고 있다. 또한 '중고음반 타운'이라고 불릴 만큼 큰 레코드점이 있다. 그 외에도 액세서리, 구두, 가방, 안경 등 일반적인 가게도 적지 않다.

명동 지하상가

명동역 지하상가 중심. 안경전문점

을지로 지하상가

을지로 지하도로는 길고 폭이 넓다.

소공동 지하상가

을지로 지하도로에는 여러 가지 가게가 있다.

소공지하상가

1976년에 완성된 소공지하상가는 명동에서부터 시청까지 날씨와 상관없이 편리하게 이용할 수 있는 곳이다. 여기는 서울의 중심부이고 고급호텔이나 쇼핑구역과 인접하고 있기 때문에 많은 인기를 끌어 왔었다. 주변이 관광지이기 때문에 취급하고 있는 상품도 외국인을 위한 상품이 많은데, 기념품, 도자기, 귀금속, 인삼 등이 많으며 그 외에 가방이나 의복, 안경 등 종류도 풍부하다. 길이 약 340m의 지하통로의 양측에는 150채 정도의 점포가 즐비해 있다.

명동이라고 하면 쇼핑을 비롯해 에스테틱, 먹을거리까지 모두 즐길 수 있는 곳으로 외국인 여행자에게도 인기 있는 장소이다. 원래 이 지하상가는 필자가 젊은 무렵에는 고급상가의 이미지였지만 지금은 서민적인 상가로 바뀐 것 같은 생각이 든다.

동대문 유니폼 지하상가

동대문역사문화공원 역에 직결한 스포츠 전문 유니폼을 취급하는 지하상가

동대문 유니폼 지하상가

동대문 유니폼 지하상가의 모습

유럽 축구팀의 유니폼

청계6가 지하상가

청계 6가 지하상가. 여기에는 구두전문점이 많다.

여러 가지 구두가 진열되어 있다.

이다. 위치는 지하철 2호선과 5호선의 동대문역사문화공원 역 지하상가이다. 역에서 바로 지하도로 연결되어 있고 을지로 6가 방면의 지하상가에 줄지어 있다. 여기에서 을지로 1가, 명동, 서울시청까지 지하상가로 연결되어 있다. 작은 점포가 좌우에 빽빽이 들어서 있고 축구 유니폼을 비롯한 상품이 전시되어 있다. 기본적으로 어느 가게든 축구뿐만 아니라 등산복, 체육복 등 각종 유니폼, T셔츠 등 단체 팀을 위한 유니폼을 취급하고 있으며 동시에 유니폼에 등번호, 이름, 로고를 붙이는 주문을 할 수도 있다. 원래 동대문 유니폼시장의 중심터는 동대문역사문화공원이다. 지금은 흔적도 없지만 과거에는 이 자리가 동대문운동장으로서 축구장과 야구장이 있었다. 고교야구의 전국대회나 박대통령배 국제축구대회가 거행되었던 것도 필자의 기억에 선명히 남아 있다. 당시에는 야구, 축구뿐만 아니라 대부분의 스포츠는 동대문운동장에서 이루어졌다. 이 때문에 여기에서는 모든 스포츠용품이 갖추어져 있었다. 그래서 지금도 그 주변에는 스포츠용품을 파는 가게가 많다.

동대문 지하상가

한복과 민예품이 중심이다.

한복과 옷감

한복과 혼례용품의 가게가 많다.

종로 5가 지하상가

종로 5가 지하상가의 모습

전통적인 부속품 상자

종로 5가 지하상가의 여성용 전통신발가게

동대문 지하상가 · 종로 5가 지하상가 · 마전교 지하상가

동대문 지하상가는 한국전통 옷과 혼례용품을 전문으로 한 가게가 많다. 종로 5가 지하상가는 한국전통 옷과 혼례용품은 물론 전통 신발가게와 전통가구점이 있다. 마전교 지하상가는 매듭과 도자기 전문점이 주를 이룬다. 매듭은 결혼할 때 액세서리로 구입하는 것인데, 큰 매듭은 가구장식에 이용되어 '매듭' 이라고 하고 작은 것은 치마저고리, 띠에 다는 액세서리는 '노리개' 라고도 말한다. 이 끈 매듭은 절대로 풀 수 없고 확고한 것이어서 결혼하면 평생 부부가 되어 헤어지지 않는다는 의미를 담고 있다. 마전교 지하상가의 매듭 가게에서는 모두 그 자리에서 하나하나 수작업으로 만들어지고 있다.

마전교 지하상가

마전교 지하상가의 모습

마전교 지하상가 매듭가게

마전교 지하상가의 입구

종각 지하상가

종각지하상가 휴대전화 가게

종각지하상가 젊은 층을 대상으로 한 신발가게

젊은 여성옷을 전문으로 하는 가게

종각 지하상가

이 지역에는 젊은이가 많이 모이므로 상가도 젊은이를 중심으로 한 약 70채 이상의 가게가 줄지어 있다. 여기는 지하철 1호선 종각역에 직결해 종로 3가 방면으로 이어지는 지하상가이다. 주변에는 레스토랑이나 유행품 판매점이 모여 있을 뿐만 아니라 음식점이나 어학학교가 있어서 항상 사람이 많다. 또한 젊은 여성의 의류판매장이 가장 많고 저렴한 것부터 브랜드 상품까시 나양하다. 이 지역은 명동이나 시청, 인사동에 둘러싸여 외국인 여행자도 부담 없이 들를 수 있는 위치이다.

제 4 장

에코시티에의 조류潮流

4-1 역사 · 환경으로 부활

죽음의 강으로 불려왔던 안양천은 재생에 의해 맑은 물이 흐르게 되었다.

청계천의 복원 · 재생은 세계에서도 드문 사업이라고 말하지만, 우리나라에서는 청계천 외에도 각지에서 복원 · 재생사업을 하고 있다.

하천의 자연회복

급속히 변화하는 서울은 편리하고 쾌적해진 반면에 자연은 파괴되고 역사도 잃어버렸다. 서둘러 지어진 건축은 노후화되고 환경은 악화되어 갔다. 서울시는 1988년 올림픽을 계기로 오래된 건물과 그 지역에 대하여 환경보전 · 재생사업에 들어가기 시작했다. 우선 청계천의 본류인 한강을 중심으로 한강변의 정리와 환경재생을 시작으로 '본래의 모습을 되찾는다.' 라고 하는 주제로 그 작업은 지금도 여러 방면에서 계속되고 있다. 청계천복원사업도 그중 하나인 것이다. 한강의 지류인 안양천은 안양시 중심부를 흐르는 중요하천인데, 1960년대에는 청류가 흘러 강을 이용한 자연형 수영장도 있었다. 필자도 아버지와 함께 여기까지 수영하러 온 기억이 있다. 그런데 경제성장과 더불어 1970년대부터는 공장폐수가 흘러들어 '죽음의 하천' 이라고 불리는 오염된 하천으로 바뀌어 버렸다. 다행히 10년 정도 전부터 많은 공장들이 이전해 자연형 하천 만들기가 진행되어 지금은 아름답게 재생되어 있다.

2002년 경희궁의 복원

복원된 흥화문

궁전 등의 복원

역사 복원을 주제로 다루어진 것은 궁전이다. 1985년에는 동물원이었던 창경궁을 복원시킨 것을 시작으로 서울에서 5개의 궁전 복원이 활발하게 진행되었다. 예를 들어 경복궁의 왕의 침전인 강녕전과 교태진이 복원되었다. 또한 완전히 없어졌던 경희궁은 본래의 모습으로 복원되었고 경희궁 옆으로 흐르던 하천도 복원되었다. 원래 경희궁은 1910년 무렵 일제강점기 때 서울중학교 (후에 서울고등학교로 개명)가 생기면서 없어진 것이다.

남산자연재생. 고층아파트의 철거공사

남산의 산기슭에 전통한옥을 복원한 '한옥마을'

1980년대에 들어와 서울고등학교가 강남으로 이전하고, 그 자리는 현대그룹이 매입하여 사옥으로 사용되고 있었다. 그 후 국가에 반환되어 한때 시민공원으로 사용되고 있었지만 2002년에 복원이 완성되면서 경희궁의 정문인 흥

'한강의 기적'이라고 불린 한국의 경제발전은 한강의 재생으로부터 시작되었다.

화문도 복원되었다. 필자도 이 고교 출신이지만 당시의 풍경을 지금도 잘 기억하고 있다. 당시 흥화문이 있는 장소에 학교의 정문이 있었다. 지금 생각하면 3년 간 궁전의 문을 거의 매일 다니고 있던 것이다. 분명히 고등학교 캠퍼스는 훌륭했고 학교 내에서 유적을 볼 수 있었던 기억이 있다.

궁전 이외의 보전 · 재생사업에도 여러 가지 있지만 남산의 반대편 산기슭에 있는 대규모 고층아파트를 철거하는 등 대담한 수법도 행하여졌다. 게다가 전통민가의 복원사업으로 남산 북측의 산기슭에는 '남산한옥마을'이라고 하는 전통적 민가를 복원한 구역이 있다. 조선시대에는 지대가 높은 곳으로 경치가 좋고 학자가 많이 살고 있던 곳이었다. 일제강점기 때에는 일본군 헌병대의 부지였는데 그 후 수도경비사라고 하는 대한민국 헌병이 주둔하고 있던 장소이기도 했다. 100년 가까운 군 시설로부터 과거의 분위기를 회복하기 위해서 1996년 이 장소에 상류계급의 전통민가를 5동 이축하여 당시의 생활모습을 보여주고 있다. 지금은 관광객이나 서울시민에게 사랑받는 장소가 되고 있다.

제주도에는 청계천보다 앞서 산지천의 복원 · 재생이 이루어졌는데 그 상황을 다음 페이지에 소개한다.

4-2 제주도 산지천의 재생

산지천은 강을 복개해 그 위에 건물이 지어졌다.

제주도 산지천

우리나라에서는 하천의 복원은 청계천만이 아니다. 청계천에 앞서 제주시에서는 산지천의 복원이 있었다. 산지천은 청계천과 같이 제주시의 번화가를 흐르는 중요한 하천이었다. 이전에는 산지천 주변이 어촌이었으며 산지천의 물은 주민의 생활용수였다. 그러나 근대에 들어 산지천의 주변에 주거가 밀집하기 시작하면서 생활하수와 쓰레기로 하천의 오염과 경관의 문제가 심각하게 되었다. 산지천의 경관문제를 해결하기 위해서는 하천을 보이지 않게 하는 것이 우선이었다. 당시에는 하천을 복개覆蓋하는 것은 상식이었으며 산지천도 그 일례에 지나지 않았다. 그래서 1960년 후반부터 공사를 시작하여 1970년 후반에 걸쳐서 약 600m의 구간을 덮어 그 위에는 상점이 들어간 건물을 지음으로써 지역경제에 공헌해 왔다.

거기에는 14동의 잡거빌딩이 지어져 약 286세대가 들어가 있었다. 그러나 1990년대에 들어와 복개구조물이 노후화된 문제로 전문가로부터 붕괴의 위험이 자주 지적되었다. 게다가 산지천 복개는 하천생태계의 파괴, 큰 비가 올 때의 도시홍수의 요인, 안 보이는 복개공간에 의한 쓰레기의 불법투기나 배수 불법방류 그리고 비위생적인 부패현상이 일어나는 현실이 큰 문제가 되어 왔

건물이 철거되어 하천이 복원되었다.

다. 하천을 덮으면 환경이 개선될 것이라는 생각으로 이루어진 복개공사는 실은 불결한 환경은 개선하지 못하고 오히려 도심부의 오염지대가 되어버린 것이다.

마침내 산지천의 복원이 결정되자 1995년 8월 24일부터 산지천 경계구역이 설정되었고 입주자의 퇴거명령이 나왔다. 철거에 의한 보상이나 공사에는 방내한 예산이 투입되었다. 철거하기 전까지 산지천 복개 후 살고 있던 주민과 제주시 사이에 격렬한 분쟁이 일어나 주민들이 좀처럼 양보하지 않았다. 그러나 제주시 시민의 여론과 산지천 재생위원회의 최대한 지원을 보장할 것으로 주민을 설득한 결과 1998년 6월 17일에 건물의 철거공사를 모두 마칠 수 있었다. 그리고 2000년 6월 29일에는 산지천 복원공사가 착공되어 본래의 모습으로 바뀌었고, 2년간의 공사기간을 거쳐 2002년 6월 29일에 준공되었다. 1995년부터 복원사업을 시작해 2002년 자연형 하천으로 복원될 때까지 7년의 세월이 필요했다.

이렇게 하여 도심의 생태공간으로 활용하려는 시민의 생각을 살리고 환경을 중시하는 21세기에 어울리는 도시의 중심을 흐르는 옛 산지천이 소생하게 되었다. 복원된 산지천을 따라 산책로, 아치형 다리, 분수대 등이 정비되고 하

산지천에는 '중국피난선'이 복원되어 역사를 말하고 있다.

천 하류에는 중국 피난선을 수복修復하여 모뉴먼트로 함으로써 현지의 시민은 물론 제주도의 관광명소가 되었다. 이 사업은 청계천 사업과 닮은 하천의 재생 사업이지만 청계천보다 먼저 진행된 사업이었기 때문에 청계천의 본보기가 되었다. 다만 청계천의 경우는 복개도로 위가 고가도로였지만 산지천은 건물이 었다는 것이 청계천과의 다른 점이다.

'중국 피난선'

1947년 가을 무렵 중국의 격동하는 시절, 중국인 54명이 밀항선을 타고 중국 요녕성 장하현을 출발해 금주 연해시를 거쳐서 1948년 인천에 망명해 왔다. 그들은 여기서 약 2년간 살았지만 6.25전쟁이 일어나자 남하하여 처음에는 인천에서 부산으로 갈 예정이었지만 완도 근처에서 미군의 폭격으로 배 일부가 파손해버려 대한민국 군함의 도움을 받아 지금의 산지천에 오게 되었다.

그들은 1950년 8월부터 약 8년간 산지천에 배를 정박하여 배 위에서 살면서 육지에서 장사를 하였다. 당시에는 중국의 난민들과 산지천의 주민들은 사이좋게 지냈다고 하며, 그 난민들의 자손은 그 후 제주도 사람이 되어 어디선가 살고 있다고 한다.

복개되기 전의 옛 모습의 산지천

왼쪽의 건물이 산지천 위에 세워졌다.

재생된 산지천의 모습

산지천 복원 · 재생을 기회로 제주시민은 그때의 중국의 배를 재현하면서 배 안에서의 그들의 생활모습을 재현하였다. 그것이 '중국 피난선'을 본뜬 모뉴먼트이다.

4-3 한강의 재생

서울의 생명의 물 '한강'

서울에서 수변의 재생사업은 한강을 중심으로 진행되고 있다. 강남으로 확대하는 한강은 이미 서울의 중심을 관류하는 중요한 하천이 되고 있어 도시재생의 기준으로서 한강의 수변공간 전체가 가지는 문화적 · 경관적 가치에 대한 현대적인 시점에서 재평가가 필요하게 되었다.

'난지도'는 과거에는 한강에 있는 자연이 풍부한 섬이었지만 경제성장과 함께 쓰레기장으로 변해버려 심각한 환경오염을 가져왔다. 그러나 재생사업 결과 지금은 아름다운 공원으로 성공한 사례이다.

또한 난지도에서 남동방향의 한강에는 '선유도'라고 하는 작은 섬이 있다. 여기는 최근까지 정수장으로 사용되어 온 곳이지만 지금은 정수장의 산업유산을 유용하게 이용하여 훌륭한 공원으로 재생되었다.

선유도 공원은 자연이 풍부하고 전망이 좋은 장소로서 인기가 있다. 한강 상류인 동쪽으로 가면 청계천과 연결되는 자연생태공원 '서울의 숲'이 있다.

원래는 경마장이었는데 한강변에는 적합하지 않다는 판단으로 자연공원으로 다시 태어나 지금은 서울시민에게 사랑받는 녹지로 변했다. 이것들을 중심으로 한 한강의 수변재생사업을 살펴보자.

서울의 중심을 흐르는 한강.
주된 지류와 재생구역

상공에서 바라본 한강. 우측이 구 도시 '강북', 좌측이 '강남'

4-4 쓰레기 산에서 자연공원으로

쓰레기 산이 되기 전의 난지도

쓰레기의 산으로 변화한 난지도. 쓰레기 산 아래에는 마을이 형성되었다.

'난지도'의 역사

한강 하류에 있는 난지도는 이름 그대로 난초와 잔디로 시작해 계절마다 모든 꽃이 활짝 피는 아름다운 섬이었다. 물이 깨끗하고 새들의 먹이가 되는 수생식물도 풍부하고 겨울에는 철새들이 날아오는 자연의 보물창고였다. 난지도는 한강의 삼각주로 형성되어 있어 조선 후기까지 선착장으로 이용되고 있었다. 조선시대에는 난지도에 핀 꽃을 보고 나라의 성쇠를 점을 칠 정도로 자연을 소중히 여겼다. 조선시대의 대표적인 지리전문서인 〈택리지〉에는 난지도는 좋은 풍수조건을 가진 땅이라고 쓰여 있다.

근대가 되어 쓰레기의 매립이 시작되는 1978년까지의 난지도에는 땅콩과 수수깡을 재배하는 밭이 있었다. 또 학생들의 소풍이나 젊은이의 데이트코스로서도 사랑받았고 영화의 로케 장소로도 자주 이용된 자연이 풍부한 섬이었다. 이러한 로맨틱한 장소가 악취를 풍기는 쓰레기 산으로 변모한 것은 경제성장의 역사가 만들어낸 아이러니였다.

1천만 명 이상의 사람들이 살고 있는 메가시티 서울은 급격한 도시화나 산업화의 물결로 도시가 크게 팽창하면서 막대한 양의 쓰레기 증가를 가져왔다. 난지도는 이에 따라 1978년 3월부터 15년의 세월을 거쳐 높이 약 100m를 넘

개발 직전의 여의도. 섬 중앙에 보이는 직선은 활주로이다.

는 거대한 두 개의 쓰레기 산으로 바뀌어버렸다. 한편, 난지도 근처에 있는 모래사장 '여의도'는 1960년대 말부터 개발이 진행되어 난지도와는 완전히 다른 모습으로 바뀌었다. 악취와 오염의 쓰레기장이 된 난지도와는 대조적으로 여의도는 은행과 증권회사, 방송국, 신문사 등이 본사를 두는 서울의 심장부가 되었다. 여의도는 서울의 맨해튼이라고 말할 만큼 바뀌었던 것이다.

난지도가 쓰레기매립지가 된 원인은 당시의 쓰레기매립지였던 잠실과 장안동, 상계동 등의 매립지가 꽉 차게 되었기 때문이다. 그래서 보다 대규모 쓰레기처리장이 필요하여 서울의 교외에서 교통이 편리한 난지도를 주목하였던 것이다. 그 후 난지도는 약 272만m²(82만 3천평)의 땅에 대략 9,200만 톤의 폐기물을 매립할 수 있게 되었다.

쓰레기 산이 된 난지도

난지도의 오염은 지금까지 서울이 경험한 경제성장의 뒷모습이기도 했다. 1970년대의 본격적인 경제발전과 함께 가전제품 등 각종 공업제품의 국내생산이 급속히 증가했다. 소비문화의 확대로 80년대 중반에는 음식쓰레기와 함께 일반쓰레기 처리가 환경문제가 되었다. 생활양식의 변화에 따라 쓰레기의

쓰레기 산 아래에 지어진 조립식 무허가주택

종류도 바뀌어 70년대의 쓰레기는 대부분이 연탄재였지만 80년대에는 가전제품이나 합성수지 등이 급격하게 증가했다. 난지도에는 먼지와 악취, 파리뿐만 아니라 매립되어 있던 쓰레기에서 메탄가스가 나와 화재가 자주 발생하였다. 난지도의 화재는 소방차로는 진화작업이 어렵고 불도저로 흙을 사용해 불을 꺼야 했다. 15년간 발생한 화재가 총 1,390회로 최고 45일간 계속 불에 탄 적도 있었다.

난지도의 쓰레기 매립방법은 비위생적으로 일반 생활쓰레기와 산업폐기물을 구별하지 않은 단순한 매립이며, 단지 쌓아두었다고 할 수 있다. 서울시에서는 처음에 국제적인 매립지의 일반적인 높이인 45m까지 쓰레기를 메우는 것을 계획했지만, 새로운 매립지의 건설이 늦어지면서 난지도에 쓰레기를 계속 버릴 수밖에 없었다. 그 결과 쓰레기가 모여 거대한 두 개의 쓰레기 산을 형성했던 것이다. 그리고 난지도의 경우 위생적인 매립방식을 실시하고 있는 선진국의 쓰레기매립지와는 달리 환경오염을 일으키는 심각한 문제였다. 이러한 오염된 쓰레기 산 아래에는 쓰레기를 이용해 생활을 해나가고 있는 궁핍한 사람들이 살고 있었다. 이곳은 그들에게 있어서 중요한 생존을 위한 현장이었다. 주민이 된 그들은 악취와 먼지랑 싸우면서 쓰레기 안에 섞여 있는 재생 가능한

쓰레기 산에서 자연의 산으로 재생된 난지도

물건을 모아서 팔아 몇 푼 안 되는 돈으로 가족을 부양하고 있었다. 그들은 폐품을 재이용한다는 소박한 자부심도 가지고 있었다. 그리고 그들은 스스로 살고 있는 난지도를 '삼다도三多島'라고 불렀는데, 이것은 먼지, 악취, 파리가 많다는 것에서 붙여진 이름이다. 그들은 처음에는 쓰레기 위에 비닐을 치고 빽빽이 들어선 조립식 무허가주택에 살면서 마을을 형성하였다. 그러나 1984년 쓰레기에서 나오는 가스로 인한 화재로 완전히 불에 타버렸다. 이에 따라 서울시에서는 인근에 3~4평의 조립식 주택을 지어 950세대를 무료로 입주시켰다. 1992~1993년에는 난지도매립지가 폐쇄되어 사람들은 떠나기 시작했다. 주민보상 및 이주대책으로 아파트 분양권과 임대아파트가 제공되었다. 이렇게 하여 조립식 주택단지는 철거되어 그 후로 난지도에 사람이 사는 일은 없어졌다.

매립지의 안정화

쓰레기 투기가 끝난 난지도는 쓰레기 산이 무너지지 않게 경사를 완만하게 하고 풀과 나무를 심는 녹화를 했다. 쓰레기에서 발생하는 가스는 메탄, 이산화탄소, 질소, 산소, 암모니아, 황화수소이지만 주요성분은 메탄과 이산화탄소이다. 이 가스는 일련의 과정을 거쳐 연료로 활용되고 있다. 각종 오염물질이

난지천공원의 개울. 아이들이 물장난하고 있다.

다량으로 포함된 침출수를 방지하기 위해서 매립지의 주변 지하에 17m~56m, 길이 6,017m의 깊은 물막이 벽을 설치했다.

물막이 벽의 안쪽에는 200m 간격으로 집수조 31곳을 설치해 매립지에서 발생하는 침출수를 모으고 있다. 침출수는 침출하수처리장에서 1일 1,860㎥로 충분한 처리공정을 끝낸 뒤 한강에 방류되고 있다. 쓰레기매립지 위에는 50cm의 두께로 흙을 덮고 물의 침수를 막는 물막이 벽을 깔았다. 그 위에 물을 잘 배수할 수 있도록 배수층을 두고 식물이 생식할 수 있도록 흙을 덮고, 그 위에 표층의 흙을 각각 30cm씩 덮은 후 잔디와 키가 작은 관목 등을 심었다. 이것들은 매립지 내부에 빗물이 깊이 스며드는 것을 방지하고 내부로부터의 가스발산을 제어하는 역할을 하고 있다.

'난지천공원'

난지도는 원래는 섬이었는데 지금까지 한강 북쪽의 물가와 일체화되어 공원 북쪽에 흐르는 난지천에 의해 당시의 섬의 자취를 갖추고 있다. 난지천은 난지도 쓰레기 산에서 나오는 침출수에 의해 몹시 오염되고 있었다.

재생 후의 지금은 맑은 시냇물이 되어 평화공원의 난지도 호수에 1일 5,000

하늘공원에 오르는 계단

가스추출관

하늘공원의 안내소

톤 정도의 물을 흘리고 있다. 수변에는 버드나무를 비롯한 각종 식물이 풍부하고 자연생태가 회복되고 있다. 하천 주변에는 어린이놀이터, 다목적 운동장, 게이트볼장 및 야외공연상 등 지역주민과 장애인, 고령자, 청소년을 위한 시설을 제공하고 있다.

'난지한강공원'

난지도의 남쪽은 한강에 접하고 있으며 이 한강 수변지역에 약 77만7천m² 규모의 여가학습 활동공간이 조성되었다. 난지한강공원이라고 불리는 이곳은 2002년 월드컵축구대회 때 필요한 시설을 효율적으로 지원하는 장소로 사용되었다. 여기에는 자연환경보전지역과 유람선의 선착장, 잔디광장, 캠프장, 요트장, 양궁경기장, 운동장 등의 스포츠 시설이 만들어졌다. 월드컵대회 때에는 강남에 머무는 외국인을 대상으로 경기장으로 이동하기 위하여 운행된 유람선 선착장으로 활용된 장소이기도 하다.

하늘공원은 초록의 들판이어서 기분이 좋다.

하늘공원에서 한강을 바라봄

하늘공원

난지도공원은 북쪽의 난지천과 남쪽의 한강 사이에 있는데 공원 자체는 동서로 나누어져 동쪽이 하늘공원, 서쪽이 노을공원이다. 난지도에서 제일 높은 곳에 가면 서울의 풍경을 한눈에 바라볼 수 있기 때문에 이러한 전망조건을 살려 곳곳에 전망대가 구성되어 있다. 공원의 지면은 비교적 안정되어 있어서 교목이 많이 심어져 있다. 또한 들판에는 억새를 많이 볼 수 있는데 가을이 되면 억새축제의 행사를 하고 있다. 하늘공원 내의 탐방객 안내소에서 난지도의 역사를 볼 수가 있고 자연의 생태학습을 할 수 있다.

노을공원의 산책로

노을공원

노을공원은 첫 개발단계에서 제일 논의가 많았던 곳이다. 다양한 이유로 골프장이 제일 현실적이고 적절한 대안이었는데, 골프장은 평탄한 지형보다는 오히려 적당히 울퉁불퉁한 지형이 좋으며 지반침하가 계속되는 기간 동안 매립지 안정화를 돕는 긍정적인 역할을 한다. 골프장은 노을공원 전 면적의 57%, 남은 부분은 자연식생지, 운동시설 및 산책로 등 시민이 여기를 즐길 수 있는 공간으로 하였다. 노을공원은 서해의 아름다운 저녁놀을 볼 수 있는 곳이다. 장래에는 생태환경으로서 토지의 안전성을 높여 야생동물의 생식지가 되는 것을 목표로 하고 있다.

필자가 2008년 10월에 이곳을 방문했을 때에는 골프장에서 일반 공원으로 만들어지기 전의 준비기간이어서인지 일반인에게는 공개되어 있지 않았다. 그러나 관리사무실에 부탁해 특별히 노을공원에 올라갈 수가 있었다. 조금 걷고 있었는데 뒤에서 경비원이 "뱀이 있으니 조심하세요"하고 외쳤다. 위에 오르니 확실히 초록이 많아 정말로 뱀이 나올 것만 같았다. 아직 골프장 그대로의 상태였지만 고요함과 한강의 전망은 일품이었다.

4-5 정수장에서 자연공원으로

선유교는 한불수교 100주년 기념으로 프랑스 건축가 리치오티가 설계하고 서울시가 시공했다.

선유도공원

선유도공원은 기존의 정수장 구조물을 보존하고 재활용한 리사이클 공원이다. 3개의 큰 저장탱크에서 나온 물은 온실과 수질정수원으로 흐른다. 수질정수원에서는 수생식물이 재배된 계단식 수조에서 물이 정화되는 과정을 가까이에서 관찰할 수 있다. 수질정수원에서 흘러나온 물은 갈대가 성장하는 수로를 지나 수생식물원과 시간의 정원으로 흐른다.

수생식물원에서는 각종 수생식물을 관찰할 수 있는데, 환경과 물의 오염을 막기 위해 환경오염에 민감한 수생식물이 자연생태계에 중요하다는 것을 알리는 장소이기도 하다. 여기에 뿌리내려 성장하는 식물과 낡은 콘크리트의 구조물이 잘 어우러져 시간의 흐름을 느끼게 한다. 이곳의 수로를 따라 산책하다 보면 자연스럽게 물의 의미와 자연의 소중함을 느낄 수 있다.

낡은 정수장의 구조물을 살린 리사이클 공간

'한강전시관' 및 기타 시설

한강전시관은 정수장에서 사용되고 있던 송수펌프실을 개조한 건물로 기존 구조물의 외벽 벽돌을 유리로 개조하였다. 또한 녹슨 철판과 목재를 사용하여 시간의 경과에 따라 변화하는 모습을 보여주고 있다. 한강전시관은 지하 1층, 지상 2층으로 되어 있어 지하층은 한강의 관리, 생활, 역사, 환경 및 생태를 전시하고 1층은 멀티미디어 갤러리 및 휴식공간, 2층은 기획전시실로 이용되고 있다. 한강전시관의 창에서 내려다보이는 정원은 정수장의 지하구조물을 재활용한 공간이다. 구조물의 기둥만을 남기고 있는 열주는 공간의 질서를 느끼게 하고 기둥을 타고 오르는 덩굴은 평온한 마음을 느끼게 한다.

공원 북측의 강가에 있는 레스토랑은 한강의 물을 끌어올리는 취수펌프장을 재생하여 만든 휴식공간이다. 이곳에서는 차나 간단한 식사를 할 수 있으며 한강의 풍경을 파노라마로 볼 수 있는 조용한 장소로서 외벽의 벽돌을 덮은 덩굴나무가 풍치를 더하고 있다. 선유교를 건너서 바로 보이는 정자는 '선유정'인데 조선시대에 정자가 있던 장소에 재현한 건물이다. 전통미를 살린 이 정자는 시원한 강바람과 함께 아름다운 경치를 사색하기에 좋은 곳이다.

송수펌프실을 개조한 한강전시관

정수장의 설비를 살린 수생식물원

전망이 좋은 선유정

4-6 경마장에서 자연공원으로

경마장에서 자연공원으로 바뀐 서울의 숲. 사진의 오른쪽에는 경마의 동상이 보인다.

'서울의 숲 공원' 탄생

이곳은 일찍이 경마장이 있던 장소이지만 적합하지 않다고 판단하여 1986년에 폐지되고 서울의 숲 공원으로 다시 태어났다.

'서울의 숲 공원' 의 기본이념은 도시의 자연과 문화가 조화를 이룬 하나의 생명체로 재생한다고 하는 것이다. 이 공원은 조성할 때 일방적인 행정의 종래의 방법에서 벗어나 시민이 참가하여 결정하는 방법으로 시설 중심 공원에서 자연생태 중심이 공원으로 이루어졌다. 또한 휴식이나 산책, 운동 등의 용도로만 이용되었던 종래의 단순한 공원이 아니라 문화 · 레저생활 등 여러 가지 용도로 이용되는 다목적인 공원이다.

자연과 공존하는 '생명의 숲'

뚝섬 본래의 지형을 이용하여 수변의 생태를 복원하면서 고유의 식생구조를 확보하여 여러 가지 생물에게 서식지를 제공하고 있니. '서울의 숲' 은 계획 과정에서 운영까지 시민이 참여하고 기부에 의해 조성된 곳으로 시민의 자원봉사 활동으로 관리되고 있다. 자연을 주제로 한 환경예술 작품이나 시민이 직접 참가하여 만든 예술품, 첨단 미디어를 이용한 빛의 예술품 등을 전시함으로

'서울의 숲'은 시민의 휴식장소가 되고 있다.

써 예술을 체험할 수 있는 즐거움을 줄 뿐만 아니라 지역의 문화적인 보람을 느끼도록 하는 것을 목표로 하고 있다. 또한 공원의 구성으로는 울창한 숲의 조성을 목표로 하고 있다. 수목을 한 그루 한 그루 경관을 대상으로 하는 것이 아니라 넓은 범위로 생각하였다. 또한 콘크리트 같은 딱딱한 풍경보다 초록을 풍부하게 하여 계절의 변화나 아름다움을 느낄 수 있도록 하였다.

기념수記念樹나 상징성이 있는 나무심기, 의도적인 풍경 조성은 가능한 한 피하고 자연에 가까운 공원으로서 그리고 밖에서 느껴지지 못했던 작은 발견을 할 수 있는 부드러운 풍경의 공원으로 조성되었다. 숲을 빠져나가 흐르는 수로나 연못은 적극적으로 만들어졌다. 폭포, 자갈수로, 생태초원수로, 생태연못, 생태관찰습지, 경관연못, 물장난공원, 거울연못, 분수 등 여러 가지 물의 경관이 도입되었다. 그 수원水源은 가까운 지하철 분당선에서 배출되는 풍부한 지하수(1일 4,500톤 예상)로부터 공급되고 있다.

공원 내 건물의 옥상은 녹화하였고, 자연에너지를 보다 더 많이 활용하기 위해서 일부의 건물에는 지열과 태양열을 사용한 냉난방시스템을 구축하고 생태의 숲 구역에는 태양열 발전이 도입되고 있다. 야생동물의 서식지를 위해서 숲 안에는 생태연못이나 수풀 등 여러 가지 형태의 비오톱이 조성되어 있다.

'서울의 숲' 의 다양한 풍경

4-7 윗물이 맑아야 아랫물이 맑다

뚝섬공원의 풍경

'뚝섬공원'

서울의 숲 공원 가까이 한강의 기슭에는 '뚝섬공원'이 있다. 필자가 어릴 때 여기는 뚝섬유원지라고 하여 더운 여름에는 서울에서 유일한 피서지였다.

여기에 가족과 함께 피서를 온 기억이 있는데 지금은 그 당시의 흔적은 보이지 않는다. 이곳에는 조선시대 성종대(1469~1494년)에 만들어진 살곶이다리가 있었다. 행당동에서부터 뚝섬을 연결하는 돌다리로서 조선시대의 교량 중 제일 긴 다리였는데 폭 6m, 길이 76m로서 한양과 동남지방을 연결하는 주요통로였다.

공원 안의 벽천마당은 약 40,000m²의 규모로서 인공암벽, 어린이놀이터, 잔디광장이 있다. 특히 한강변의 콘크리트 옹벽에는 건축미와 예술이 조화를 이룬 '벽천벽'이 있는데 길이 160m, 높이 7m로 조성되어 벽면에서는 분수가 뿜어 나와 흥미롭다. '인공암벽'은 길이 40m, 높이 5m~15m인데 아마추어에서부터 전문등산가까지 이용할 수 있는 다양한 코스가 있다.

'광나루 한강공원'

'뚝섬'에서 상류로 올라가면 '광나루'가 있는데, 이쪽도 '뚝섬 한강공원'과

과거의 한강 물가는 유원지였다.

뚝섬공원에 있는 인공암벽

유치원생들이 소풍 나온 광나루 한강공원

같은 피서지였었다. 뚝섬보다 상류이기 때문에 물이 깨끗해서 인기가 있었다. 강동대교에서 잠실철교 사이에 있는 '광나루 한강공원'은 한강 상류로부터 유입된 토사가 퇴적해 자연스럽게 형성된 모래사장과 대규모 갈대의 군락지이다. 자연 그대로의 한강의 모습을 가장 잘 유지하고 있는 곳이다. 여기는 서울시의 유일한 상수원보호구역이기 때문에 뱃놀이와 각종 수상 레저활동이 금지되고 있다. 아차산의 북측 수목의 신록과 약 2km에 걸치는 한강변의 갈대밭이 잘 조화되어 아름다운 경관을 이루고 있는 것이 이 공원의 특징이다. 또한 물이 깨끗하고 철새들의 생식지이기도 하다.

이곳은 2002년에 생태계보존지역으로 지정되었으며, 갈대의 군락지로서 5종류의 산림청 보호식물과 희귀식물, 천연기념물의 새를 관찰할 수 있다. 이 주변은 약 6천 년 전 신석기시대의 토기, 석기 등이 출토되었다. 암사선사岩寺先史주거지로서 문화유적이 산재하여 자연과 문화가 조화를 이루는 장소이며 현재는 수혈식 주거가 복원되어 있다.

도시 안에서 산속을 연상시키게 하는 자연을 회복한 양재천

양재천

하천의 길이 약 15.6km에 이르는 양재천은 관악산, 청계산으로부터 시작되어 과천구간을 거쳐 서울 강남으로 흐르는 한강의 여러 지류 중 하나이다.

원래 구불구불한 하천이었던 것을 1970년대의 개포 토지구획정리사업으로 정비하였다. 양재천의 옛 이름은 공수천이었는데 양재천의 합류부분에 여울이 생겨 백로가 자주 날아들면서부터 학여울이라고도 부르게 되었다. 도심 안에서 자연이 풍부한 하천으로 길이 13.5km가 정비되어 있다.

양재천은 1995년 우리나라에서는 최초로 기존의 치수治水, 이수利水 중심인 획일적인 하천정비 관념에서 탈피하여 깨끗한 물이 흘러 옛 정취가 있는 자연스러운 하천으로 재생하고 친수親水의 역할을 하며 생태계 학습의 모범교육장으로서 활용되고 있다. 한편, 현대인의 여러 가지 레크리에이션의 욕구를 충족시켜 옛 하천의 모습을 회상할 수 있도록 하고 시민의 정서에 도움을 주기 위해 시행된 것이다.

밝고 매우 넓은 중랑천의 물가에는 자전거 전용도로가 정비되어 있다.

중랑천

중랑천은 서울 동쪽의 한강 상류에 있으며 청계천과 합류해 한강으로 흐르는 하천이다. 북쪽에는 의정부 상계동에서부터 중랑천으로 흐르고 있다. 필자의 기억으로는 초등학교 때에 상류에는 깨끗한 물이 흐르고 있었기 때문에 여름에는 물놀이하러 온 적이 있다. 그리고 겨울에는 하천이 얼어서 스케이트장으로 사용되었다. 버스로 이 주변을 다니면서 차창 밖으로 바라본 풍경이 머릿속에 선명히 남아 있다. 1960년대부터 1970년대까지 중랑교 부근에는 청계천과 같은 판잣집이 많이 있었지만 청계천보다 빨리 정비되어 강변에는 자전거 전용도로나 스포츠시설이 마련되었다. 지금은 물도 맑고 강가도 아름답고 낚시하는 사람도 자주 볼 수 있다.

이상과 같이 청계천을 포함한 한강의 지류에는 맑은 물이 흐르고 한강의 본류도 맑은 물이 흐르게 되었다. 우리 속담에 "윗물이 맑아야 아랫물이 맑다"라는 말이 있다. 이것은 "윗사람이 잘하면 그 아랫사람도 잘 한다"라는 의미를 가진 유교사상의 가르침이다. 청계천을 시작으로 하는 한강 주변의 재생사업은 서울의 자연회복에 있어서 중요하다는 것은 이루 말할 수 없다.

청계천 주변 입면도

청계천 주변 입면도

2004년과 2006년 현지조사에 의한 청계천 북측 약 6km, 남측 약 6km, 전체길이 약 12km에 이르는 청계천 주변의 외관 입면도를 작성했다. 목적은 그때 당시 청계천 주변의 모습을 보존하는 것과 청계천의 변화하는 모습을 알기 위해서이다. 이 도면은 사진으로 표현하기 어려운 것이 가능하며, 건물의 높고 낮은 긴 청계천의 모습을 한눈에 볼 수 있다. 그리고 우리는 여기에서 새로운 발견을 할 수 있을 것이다.

주변배치도는 2006년 7월 청계천 복원 후에 작성했다. 입면도는 공사단계의 2004년 7월의 모습이다. 2006년 7월에 작성한 도면도 있는데 본서에는 생략하기로 했다. 2년의 공사기간 동안 7,8가에 있는 삼일아파트는 대부분이 없어지고 거대한 복합건축물인 롯데캐슬의 공사 모습을 볼 수 있었다. 그러나 동대문 안쪽 시내는 거의 변화하지 않았다.

이 입면도에서 보면 각 구간의 특징을 알 수 있다. 청계 1,2가는 고층건물의 오피스 빌딩들이 높게 서 있다. 마치 뉴욕의 맨해튼에 온 느낌이며, 역시 서울의 대도시임을 보여주는 곳이다. 그러나 자세히 보면 그때 당시의 중저층 건물들이 어느 정도 남아있다. 급속한 도시의 경제성장에 의한 근대화와 복개 당시의 청계천 주변의 상점이나 잡거빌딩이 아직도 남아 있는 것이다. 지금 현재는 그 자리에 고층건물 이 들어서 있다.

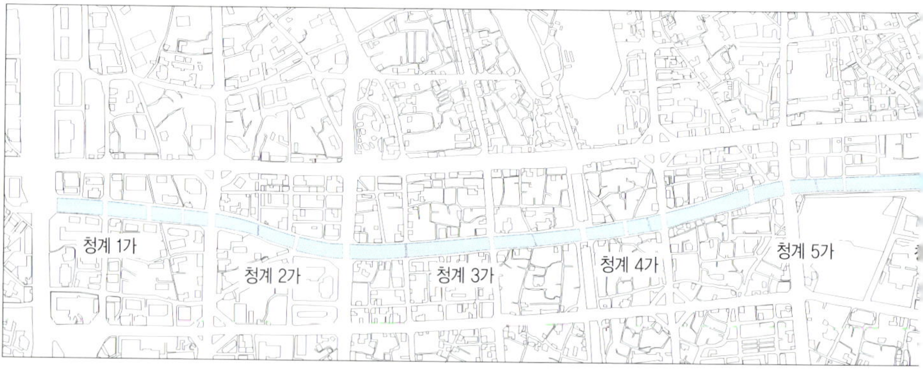

청계천 배치도 2006년 7월 작성

청계 3,4가는 중저층 건물 중에서 역시 삼일빌딩과 세운상가가 인상적으로 보인다. 삼일빌딩은 세계적인 건축계의 거장 르 꼬르뷔제의 제자인 김중업 씨가 설계한 우리나라 최고층인 31층을 자랑했었다. 그리고 세운상가는 대한민국 건축의 거장 김수근 씨가 설계한 우리나라 최초의 필로티 양식의 복합주택건물이다.

청계 4,5,6가는 북측에는 광장시장, 동대문시장과 남측에는 방산시장과 평화시장이 자리잡고 있는데, 60년대 당시의 모습을 그대로 볼 수 있다. 평화시장의 낮고 긴 모습은 시원스럽고 청계천의 자랑이었다.

청계 7,8,9가는 삼일아파트와 남측에 고층아파트가 있고 중저층의 잡거건물이 있으며, 9가 남측에는 고층의 서울시관리공단이 자리하고 있다.

이와 같이 청계천 주변의 입면도를 보면 그때 당시의 모습과 스카이라인이 참 흥미롭다. 고가도로가 있을 때에는 전혀 보이지 않았던 모습이 청계천 복원 후에 입면도와 같이 우리 시야에 보이는 것은 정말 행복하다고 할 수 있다.

우리는 미래에도 청계천의 모습을 간직하면서 발전하기를 기원한다.

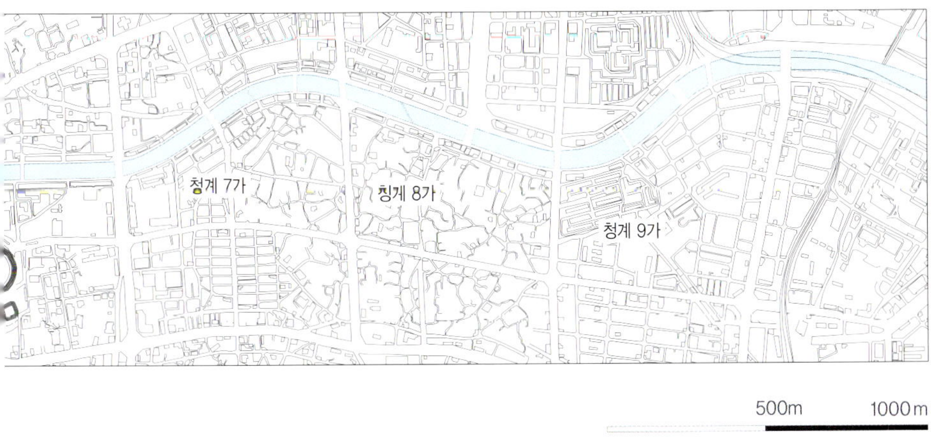

북측 입면도

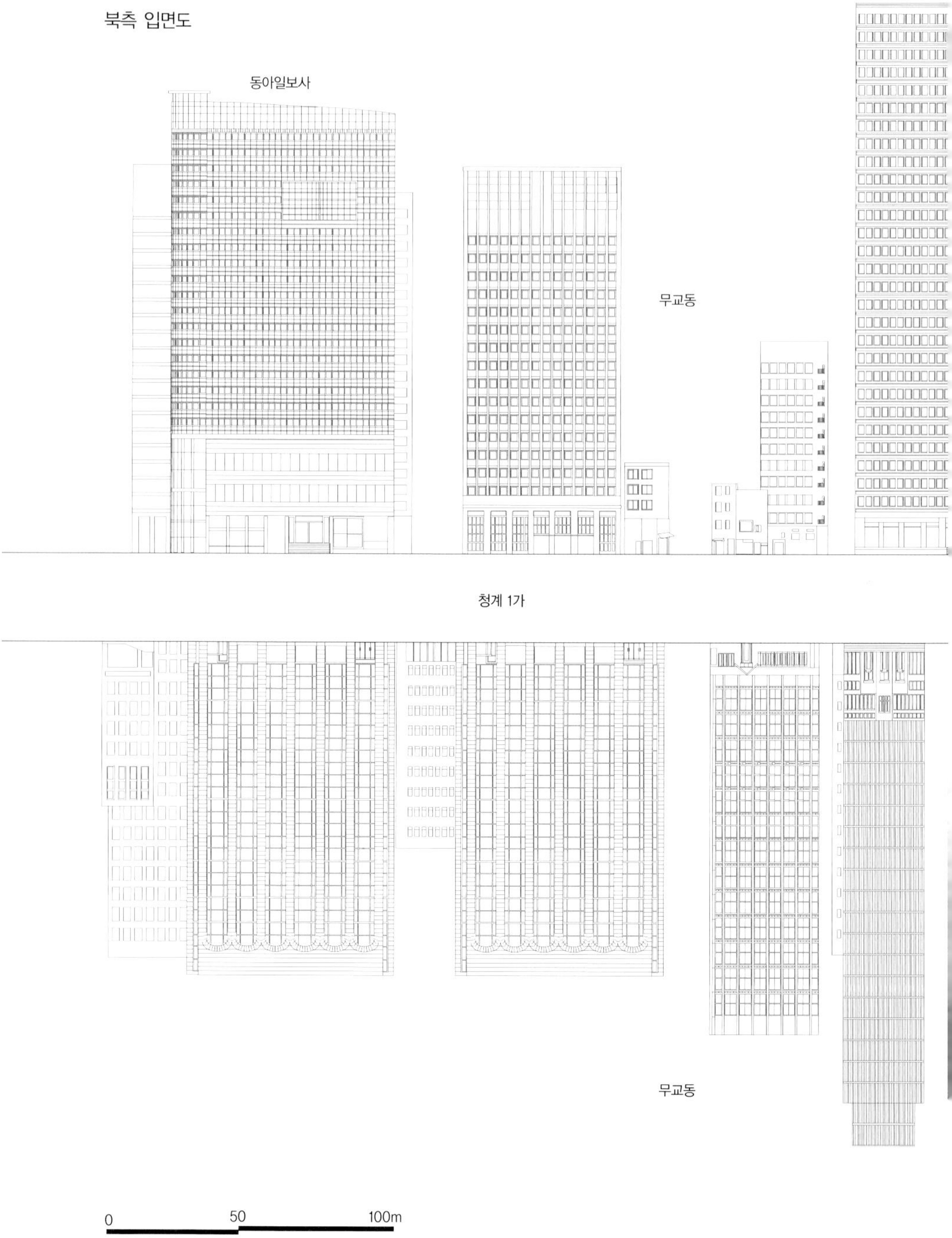

남측 입면도

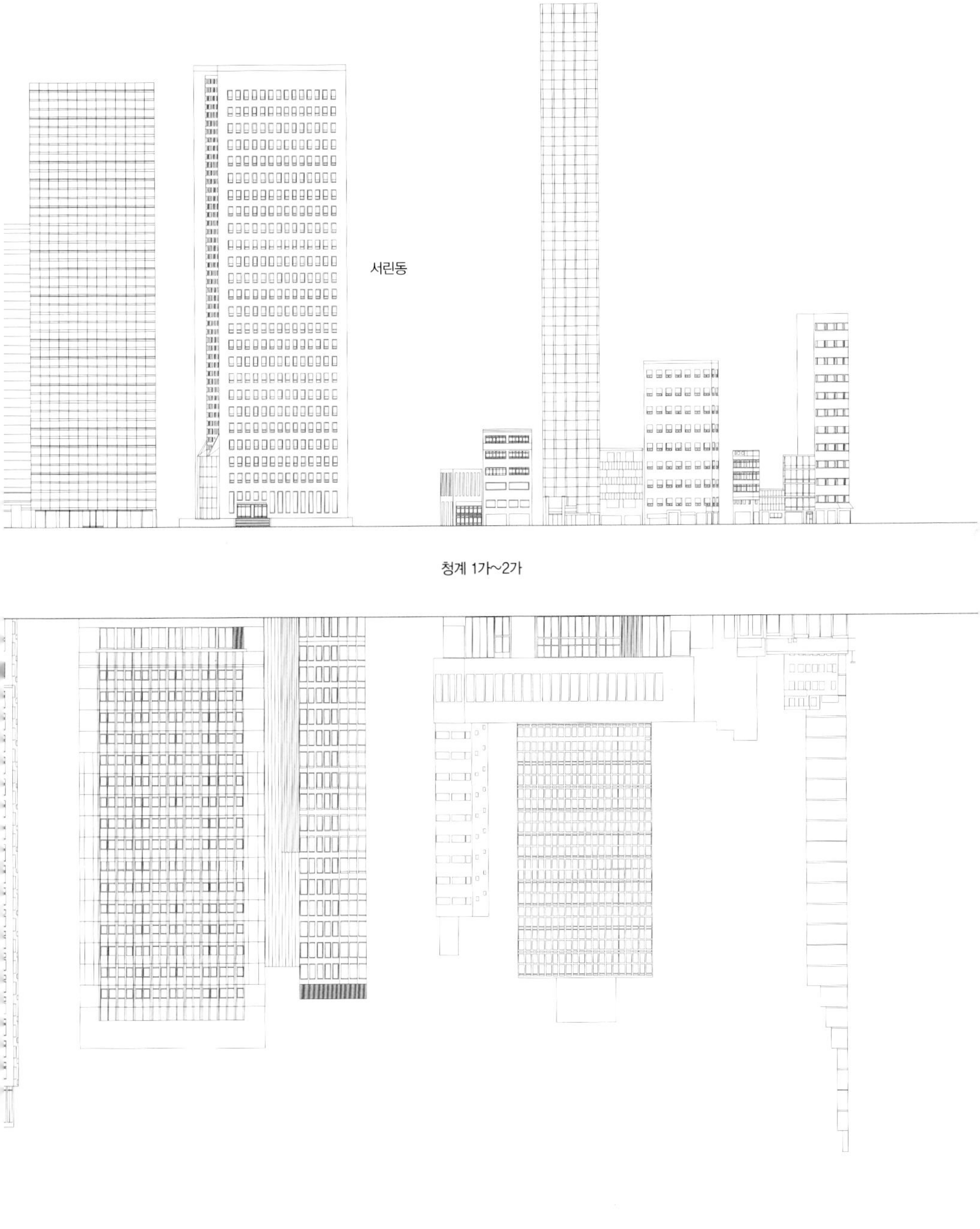
서린동
청계 1가~2가

북측 입면도

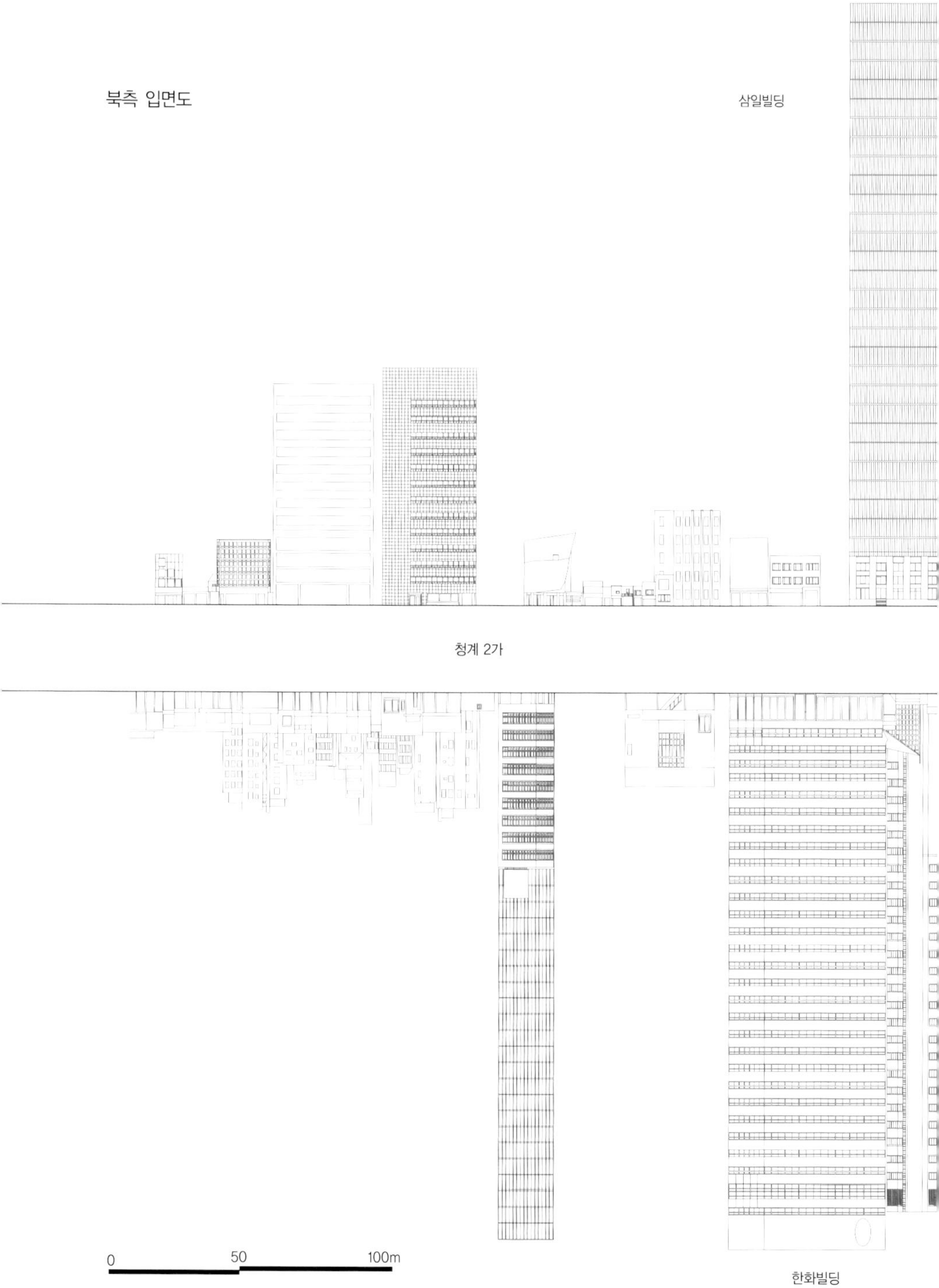

남측 입면도

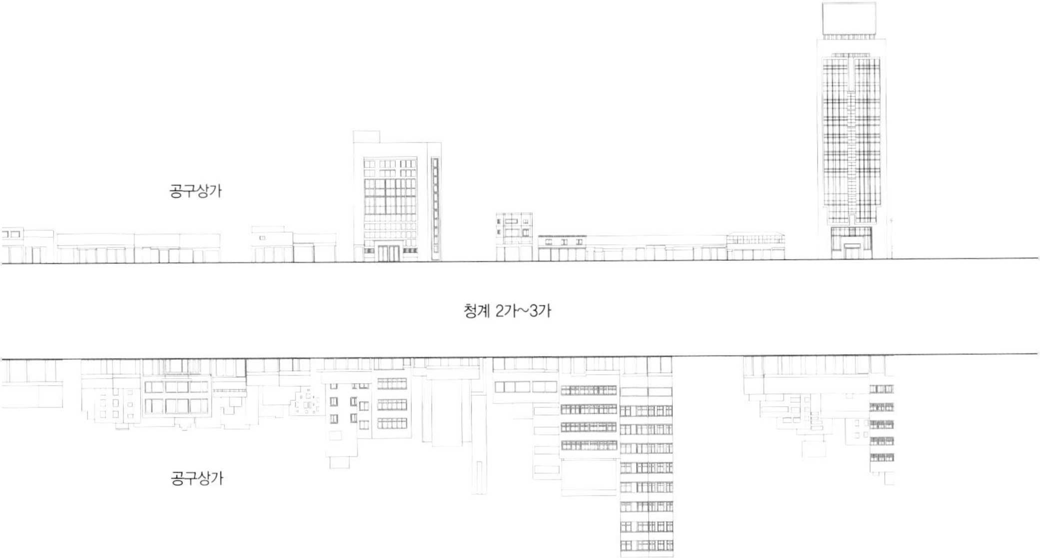
공구상가
청계 2가~3가
공구상가

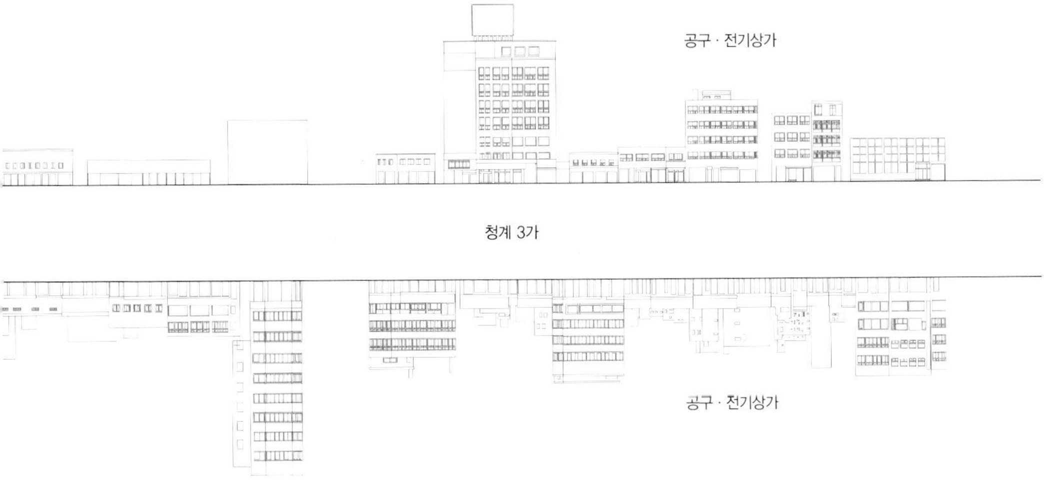
공구 · 전기상가
청계 3가
공구 · 전기상가

북측 입면도

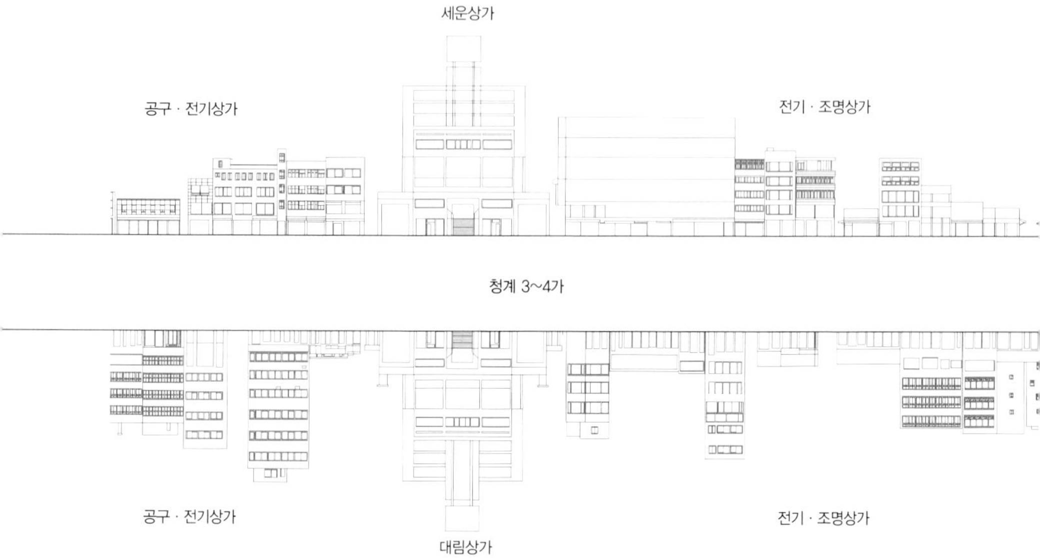
세운상가
공구 · 전기상가
전기 · 조명상가
청계 3~4가
공구 · 전기상가
전기 · 조명상가
대림상가

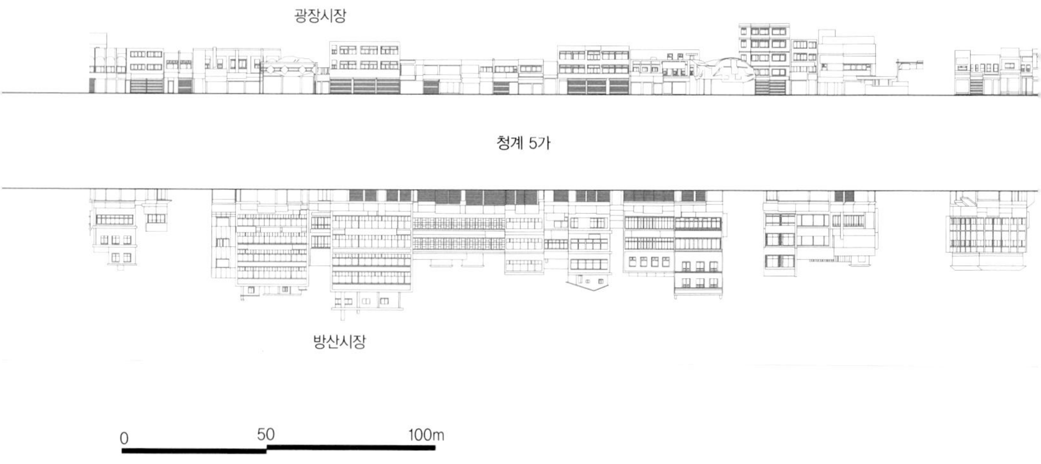
광장시장
청계 5가
방산시장
0
50
100m

남측 입면도

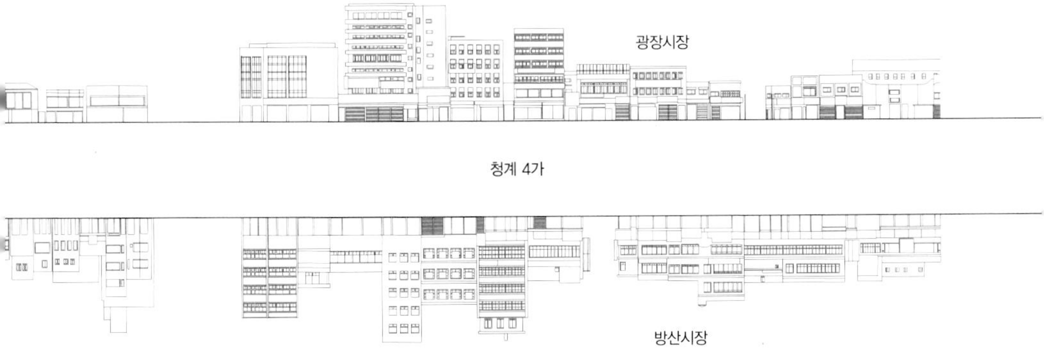
광장시장
청계 4가
방산시장

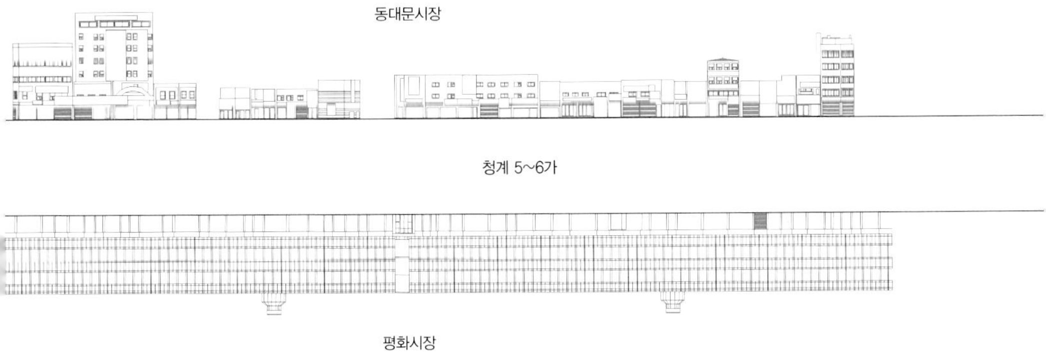
동대문시장
청계 5~6가
평화시장

북측 입면도

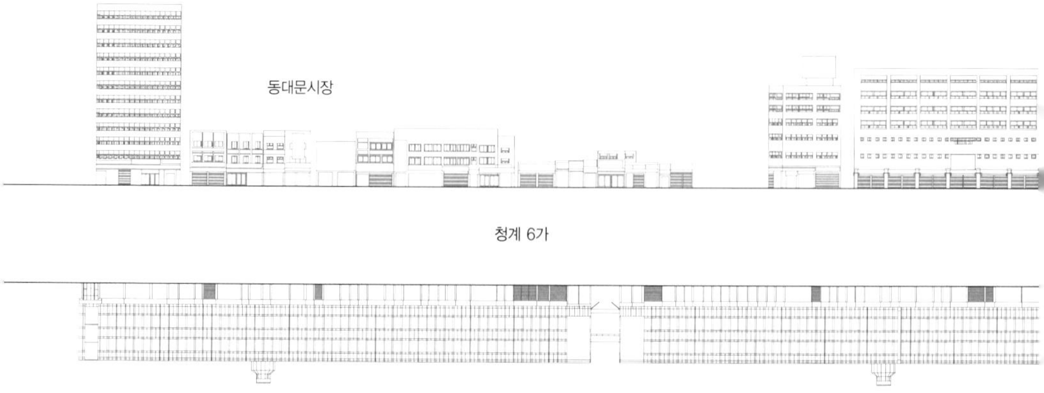

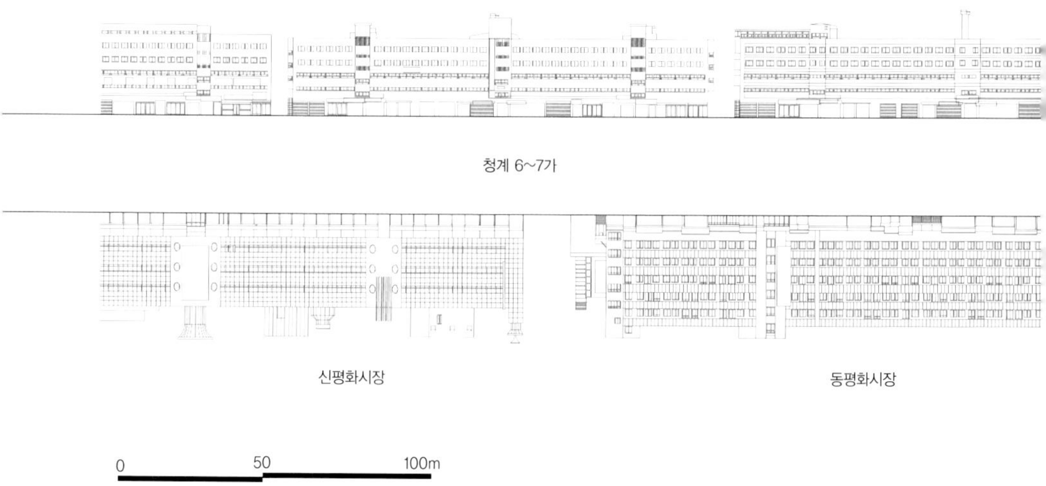

남측 입면도

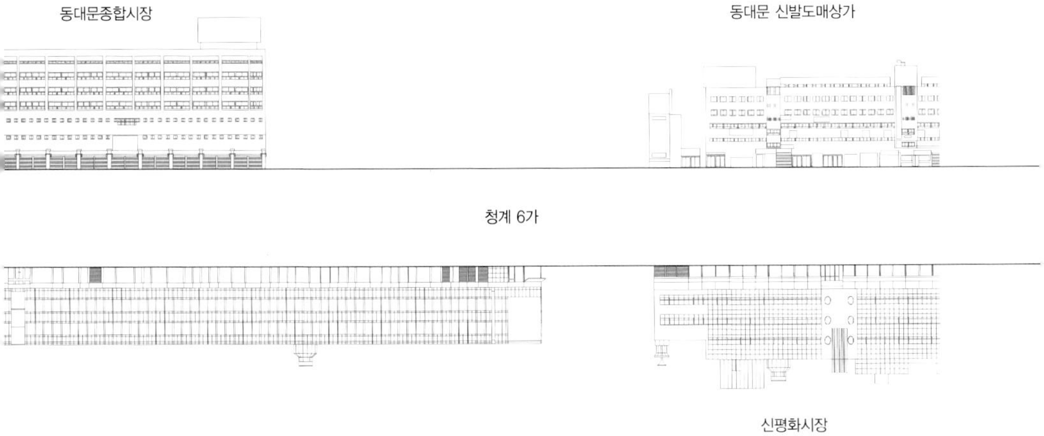
동대문종합시장
동대문 신발도매상가
청계 6가
신평화시장

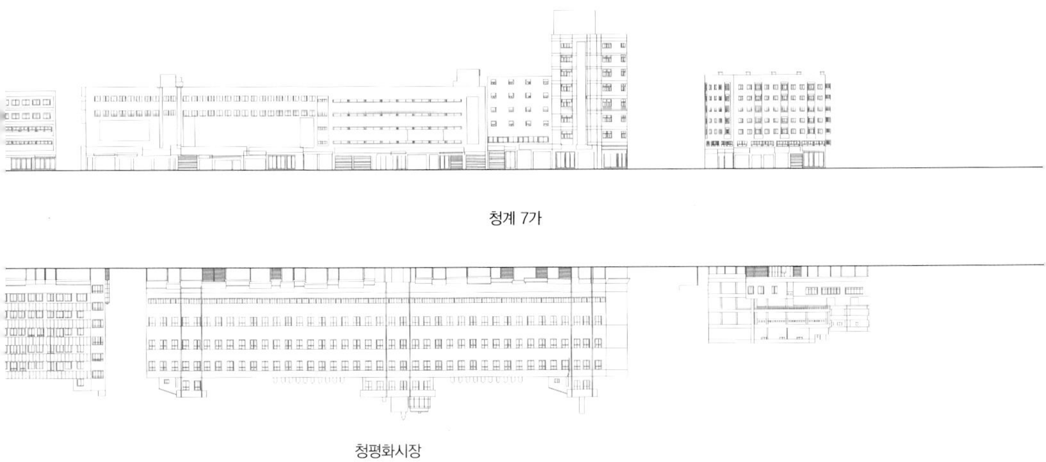
청계 7가
청평화시장

북측 입면도

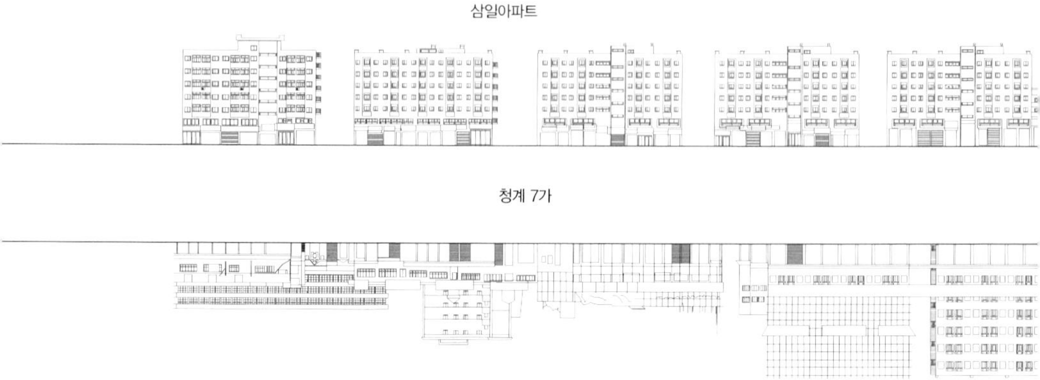

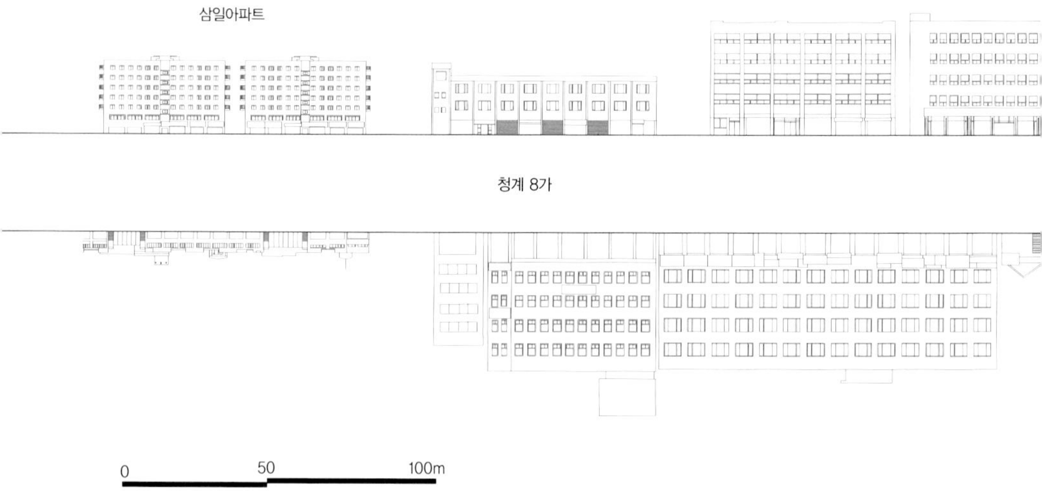

남측 입면도

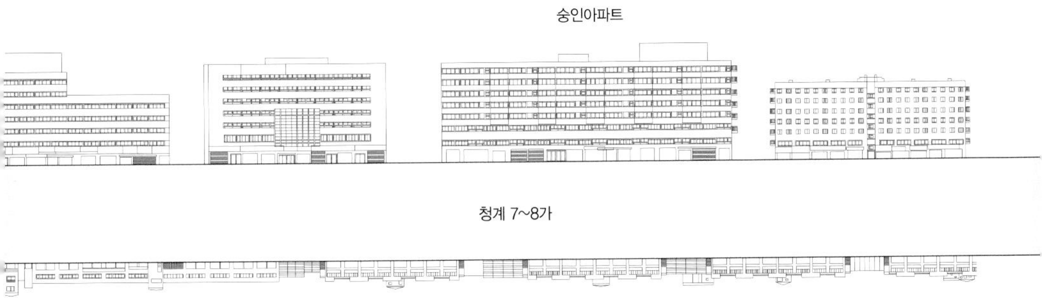
숭인아파트
청계 7~8가

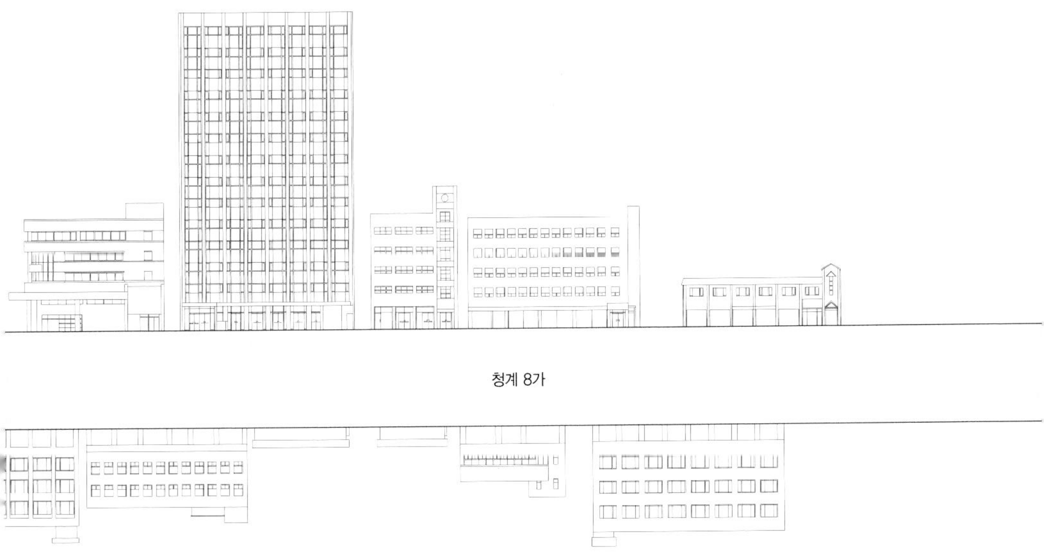
청계 8가

북측 입면도

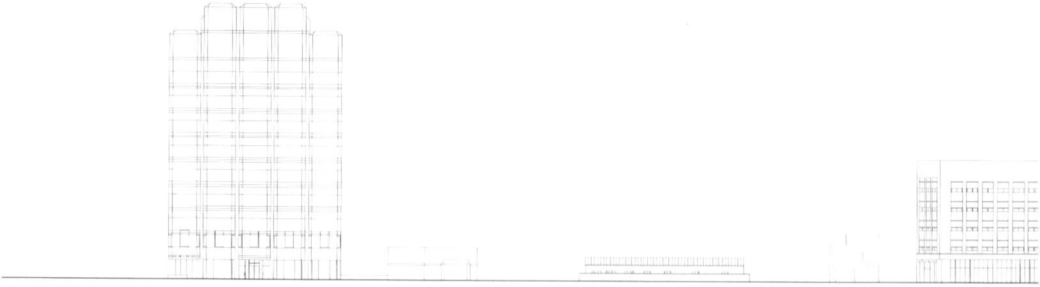

청계 8가

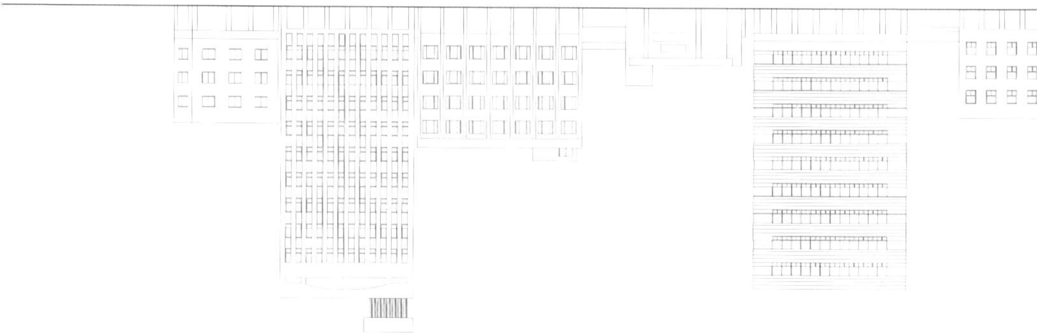

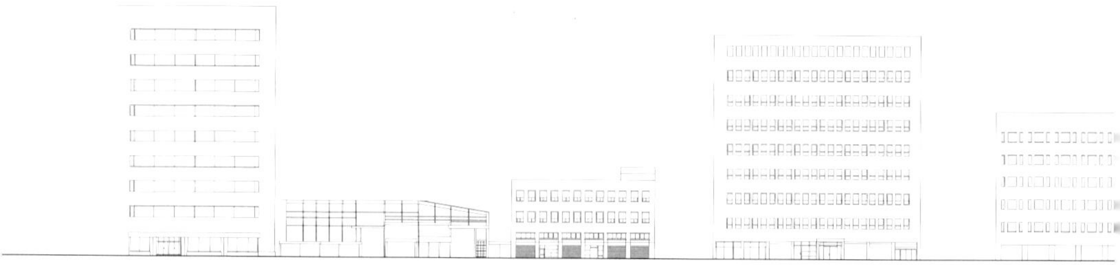

청계 9가

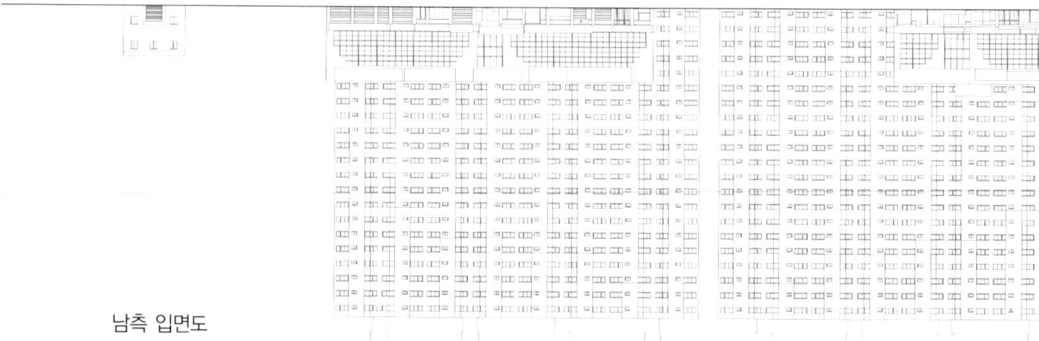

남측 입면도

0 50 100m

청계 벽산아파트

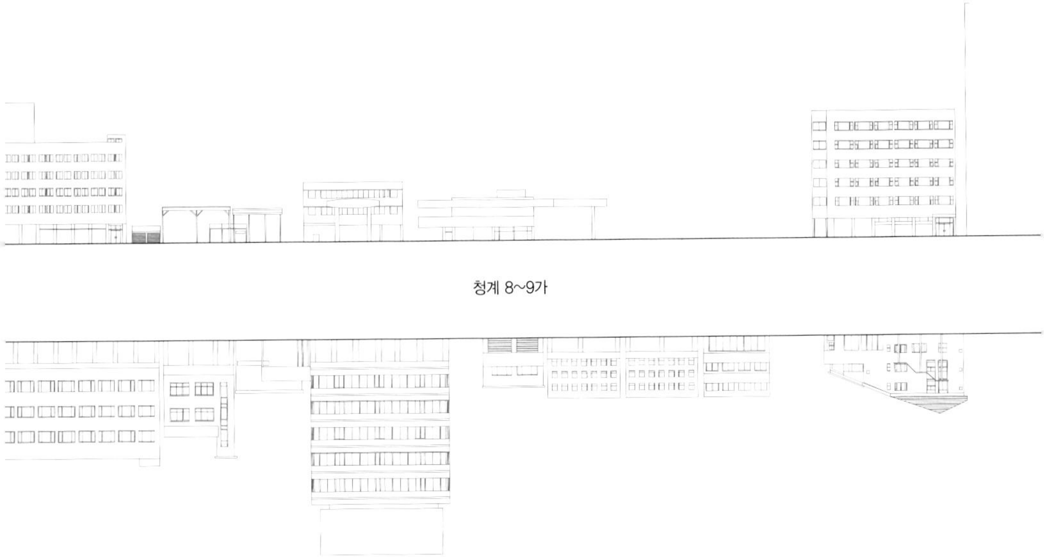

청계 8~9가

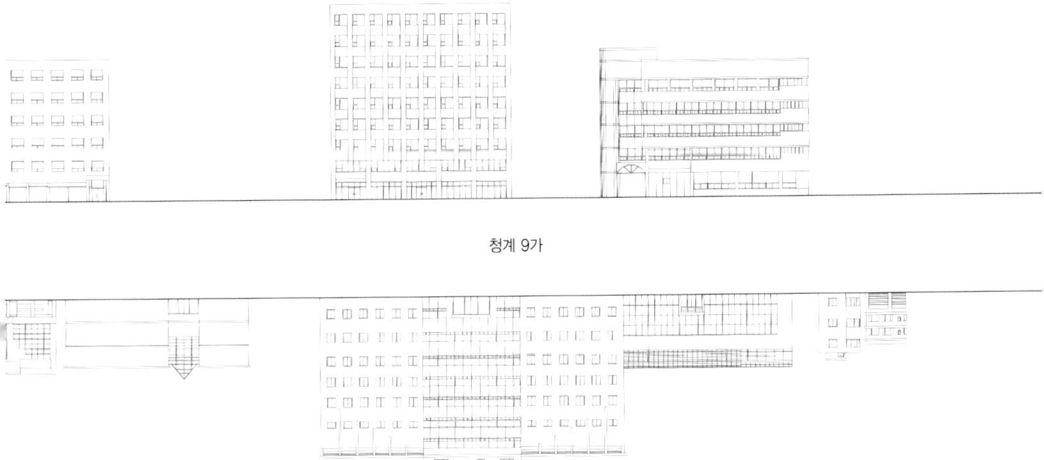

청계 9가

북측 입면도

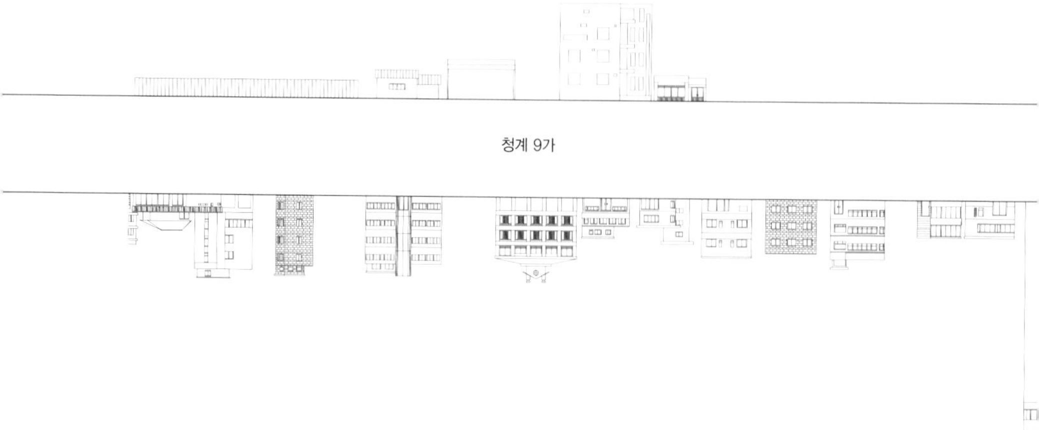

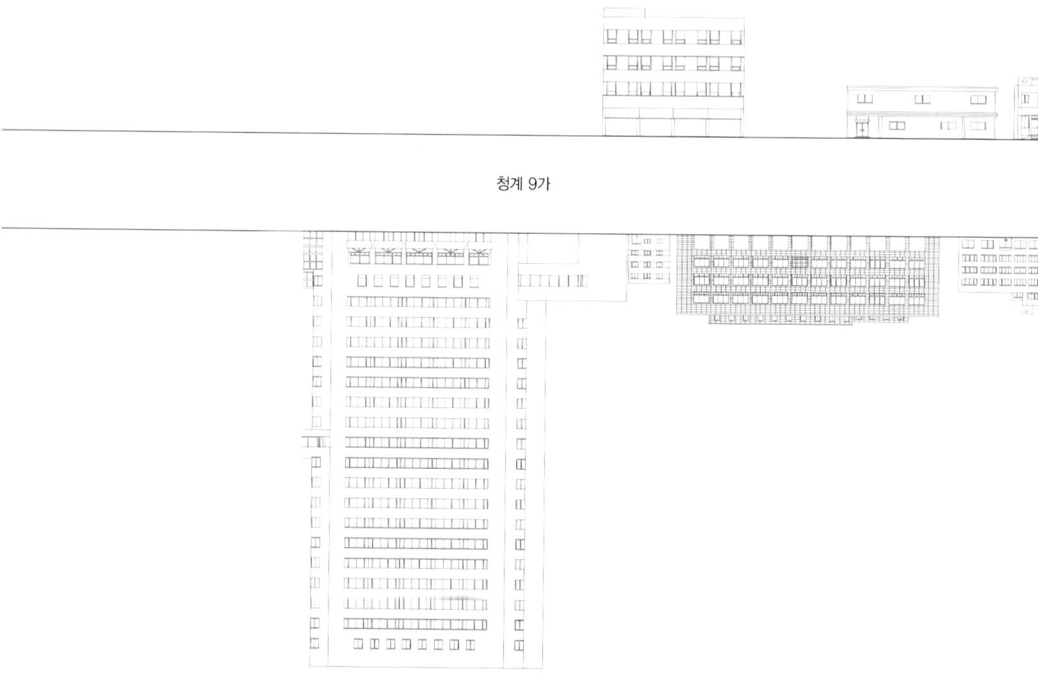

남측 입면도

0 50 100m

맺는 글

나리타공항에서 인천공항까지 약 2시간 그리고 인천공항에서 서울 중심부까지 약 1시간, 최근에는 하네다에서 김포를 이용하면 더욱더 가깝게 느껴진다. 마치 도쿄의 통근권 내의 거리에 있는 것 같다. 그러나 의외로 서울의 정보는 도쿄에는 들어오지 않는다. 도쿄에서는 서울보다 뉴욕이나 런던에서의 정보가 많아 더 가깝게 느껴진다.

세계의 눈은 대한민국이 6.25전쟁 이후 1950년대에는 세계의 최빈국이라고 말할 정도로 거의 관심을 갖지 않았다. 그러나 70년대의 "한강의 기적"이라는 고도성장을 거쳐 지금까지 크게 현대화가 진행되었다. 나는 일본에 온 지 26년이란 긴 세월이 흘러갔지만 매년 귀국할 때마다 서울의 큰 변화에 놀라움을 금치 못한다. 더욱이 최근 10년간의 진보는 눈이 휘둥그레질 정도의 변화가 있었다.

그것은 바로 이 책에서 소개한 청계천 복원이다. 과도한 도시화의 반성으로부터 시작한 도시에 자연을 회복하는 것은 지금 세계적인 과제이지만, 그중 가장 선진적인 사례가 여기서 시작되었던 것이다. 나는 이 계획이 부상했을 때부터 주목하여 조사를 계속해 왔다. 그것은 이 계획이 내가 태어나서 자란 그 자리에서 행해진 것도 있지만, 그 이상으로 이 계획의 이념이나 기술이 세계의 최첨단을 걷는 것이었기 때문이다.

최초로 고가도로가 철거되었을 때의 놀라움은 잊을 수 없다. 파릇파릇한 서울의 하늘이 시야에 가득히 펼쳐져 보였다. 시대의 변화를 분명히 느낀 것은 이 때인지도 모른다. 그리고 해마다 눈이 휘둥그레질 정도의 속도로 완성을 향해 나갔다. 이때부터 서울이 격변하고 있는 것 같은 생각이 든다.

이 사례를 대한민국과 일본 국민들에게 알리고 싶다. 이것이 나의 사명使命이라고 생각했기 때문이다. 그래서 이번에 겨우 원고를 정리할 수 있었다. 새삼스럽게도 한국뿐만 아니라 일본에서도 아직 이러한 책이 눈에 띄지 않은 것을 재차 깨달았고, 나는 서울과 도쿄의 출판사를 방문하고 원고를 보였는데, "드디어 나왔습니까. 우리는 이 원고를 기다리고 있었습니다"라고 대환영을 받았다. 이렇듯 박자가 척척 맞아 들어감으로써 생각도해보지 않았던 한 · 일 동시출판으로 이야기가 진행되었던 것이다. 나에게 있어서 이렇게 기쁜 일은 없다.

이 책을 읽고 조금이라도 청계천과 서울에 흥미를 갖게 되신 분은 꼭 서울에 가서 이 책을 한손에 쥐고 청계천의 주변을 걸어보면 좋겠다. 필시 생각하지 않은 발견이 있을 것이다.

나는 나의 조국 대한민국과 26년간 연구의 장소를 제공해준 일본 연구기관에 보은을 하고 싶고, 이 책이 한 · 일 양국민의 상호이해와 우호에 조금이라도 도움이 될 것을 바라고 있다.

이 연구는 내가 봉직하고 있는 법정대학法政大學의 진나이 히데노부陣内秀信 교수의 시사에 의해 "법정대학 에코지역エコ地域디자인연구소"의 연구로서 진행해 2007년 7월에 발표한 보고서 "서울 청계천복원에 있어서의 도시구조의 공간구성에 관한 연구"를 기초로 하고 한층 더 큰 폭으로 가필한 것이다. 나의 연구를 시종 지켜봐 주신 진나이陣内 선생님에게 깊은 감사의 말씀을 드리고 싶다.

이 책의 기획에서부터 편집까지 오랫동안 다대한 신세를 진 남풍사南風舍의 오가와 가쿠小川格 씨에게 진심으로 감사의 말씀을 드리고 싶다. 또한 한국에서 본서의 출판을 위해 쾌히 승낙해주신 기문당출판사의 강해작 사장님, 일본 가지마출판회鹿島出版會의 가와시마 마사루川嶋勝씨에 대해 진심으로 답례의 말씀을 드린다.

그리고 마지막으로 나의 원점인 청계천에서 어렸을 적에 물장난으로 고무신을 몇 번이나 잊어버려도 꾸짖지 않고 다시 사주신 어머니와 우리 가족에게 고마움을 전한다.

2012년 2월 도쿄에서 박찬필

참고문헌

1. 서울특별시, 『국역 조선왕조실록(태조~고종)』, CO-ROM, 서울시스템
2. 서울학연구소, 『청계천 시간, 장소, 사람-20세기 서울변천사연구 1』
3. 손정목, 『일제강점기 도시계획연구』, 일지사, 1990년
4. 손정목, 『일제강점기 도시화과정연구』, 일지사, 1996년
5. 손정목, 『일제강점기 도시사회상연구』, 일지사, 1996년
6. 서울시정개발연구원, 『서울 20세기 공간 변천사』, 서울시정 개발연구원, 2001년
7. 장규식, 『서울, 공간으로 본 역사』, 혜안, 2004년
8. 서울시정개발연구원, 서울학연구소, 서울시립대학, 『서울 20세기 100년의 사진기록』, 서울특별시, 2000년
9. 임덕순, 『600년 수도서울』, 지식산업사, 1994년
10. 서울시사편찬위원회, 『한강의 어제와 오늘』, 서울특별시, 2001년
11. 서울시사편찬위원회, 『서울의 하천』, 서울특별시, 2000년
12. 서울시사편찬위원회, 『朝鮮王朝實錄鈔漢城府資料集』, 1~14, 서울특별시, 2000년, 2003년
13. 서울특별시 청계천복원추진본부, 『청계천의 역사와 문화』, 서울특별시, 2002년
14. 서울특별시 청계천복원추진본부, 『서울의 꿈과 희망 청계천』, 서울특별시, 2003년
15. 서울역사박물관, 『다시열린 開川』, 서울특별시, 2003년
16. 월드컵공원관리사업소, 『쓰레기산에서 놀지』, 서울특별시, 2002년
17. 『서울 도시와 건축』, 서울특별시, 2000년
18. 서울학연구소, 서울시립대학, 『서울의 옛 지도』, 서울특별시, 1995년
19. 서울시사편찬위원회, 『사진으로 보는 서울1 개항이후 서울의 근대화와 그 시련(1876~1910)』, 서울특별시, 2002년
20. 서울시사편찬위원회, 『사진으로 보는 서울2 일제침략 아래서의 서울(1910~1945)』, 서울특별시, 2002년
21. 서울시사편찬위원회, 『사진으로 보는 서울3 대한민국수도 서울의 출발(1945~1961)』, 서울특별시, 2004년
22. 서울시사편찬위원회, 『사진으로 보는 서울4 다시 일어나는 서울(1961~1970)』, 서울특별시, 2005년

23. 서울시사편찬위원회, 『사진으로 보는 서울5 팽창을 거듭하는 서울(1971~1980)』, 서울특별시, 2008년

24. 『자연형 경관하천으로 생태복원』 제주시

25. 황기연 · 변미리 · 나태준, 『프로젝트 청계천 갈등관리 전략』, 나남출판, 2005년

26. 글/이형석 · 김주환, 사진/이홍배 · 송일봉, 『한강』, 대원사, 1990년

27. 서울시사편찬위원회, 『서울역사 총서2 서울건축사』, 서울특별시, 1999년

28. 문화공보실, 『마포 어제와 오늘, 내일』, 서울특별시 마포구, 1999년

29. Seoul metropolitan Government Cheonggyecheon Restoration project Headquarters, 『Cheonggyecheon Restoration』, Cheonggyecheon Restoration Citizen Committee, October 2003

30. Cheong Gye Cheon Restoration Project, 『BACK TO A FUTURE SEOUL』, Cheong Gye Cheon Restoration Project Seoul Metropolitan Government, 2005

31. 村山智順 글, 崔吉城 번역 『朝鮮의 風水』, 민음사, 1990年

32. 姜在彦, 『ソウル』, 文藝春秋, 1992年

33. 野崎充彦, 『韓国の風水師たち』, 人文書院, 1994年

34. 財団法人リバーフロント整備センター編, 『川からの都市再生－世界の先進事例から-』, 技報堂, 2005年

35. 李明博, 『都市伝説 ソウル大改造』, マネジメント社, 2007年

36. 朴賛弼, 『ソウル清渓川復元における都市構造の空間構成に関する研究』法政大学大学院 エコ地域デザイン研究所, 2007年

___논 문

1. 朴賛弼,「歴史都市漢陽・ソウルの都市形成の基礎的研究 その1 都市空間の形成過程についての考察」,『民俗建築』 第122号, pp.21~27, 日本民俗建築学会, 2002年 11月
2. 朴賛弼,「歴史都市漢陽・ソウルの都市形成の基礎的研究 その2 宮殿を中心に変容する都市の形成過程-」,『民俗建築』 第124号, 日本民俗建築学会, pp.61~68, 2003年 11月
3. 朴賛弼,「歴史都市漢陽・ソウルの都市形成の基礎的研究 その3 滅失, 再生された景福宮, 昌徳宮寝殿の考察」,『民俗建築』 第127号, 日本民俗建築学会, pp.50~57, 2005年 5月
4. 朴賛弼,「歴史都市漢陽・ソウルの都市形成の基礎的研究 その4 清渓川流域における都市空間構成の変遷過程」,『民俗建築』 第128号, 日本民俗建築学会, pp.42~49, 2005年 11月
5. 朴賛弼,「歴史都市漢陽・ソウルの都市形成の基礎的研究 その5 復元後の清渓川の都市空間構成と維持管理」,『民俗建築』 第130号, 日本民俗建築学会, pp.67~74, 2006年 11月
6. 朴賛弼,「ソウルの清渓川における復元と現状に関する研究」,『法政大学大学院エコ地域デ ザイン研究所 2004年度報告書』, 法政大学大学院エコ地域デザイン研究所, pp.67~72, 2005年 4月
7. 朴賛弼,「ソウル漢江水辺における空間構成の研究-西氷庫, 龍山, 麻浦を中心とした都市構造の変遷過程-」,『法政大学大学院エコ地域デザイン研究所 2005 年度報告書』, 法政大学大学院エコ地域デザイン研究所, pp.40~46, 2006年 4月
8. 朴賛弼,「ソウル清渓川復元後の現状-視覚・聴覚・精神的観点からの評価-」,『法政大学大学院エコ地域デザイン研究所2007年度 報告書』, 法政大学大学院エコ地域デザイン研究所, pp.405~410, 2008年 7月
9. 朴賛弼,「ソウルの漢江水辺再生における都市構造に関する研究」,『法政大学大学院エコ地域デザイン研究所2008年度報告書』 法政大学大学院エコ地域デザイン研究所, pp.177~184, 2009年 2月
10. 朴賛弼,「ソウル再生における都市構造の空間構成に関する研究 その1 清渓川復元による 視覚的評価分析」, 日本建築学会大会学術講演梗概集E-2 建築計画 I , pp.1109~1110, 2008年 9月
11. 朴賛弼,「ソウル再生における都市構造の空間構成に関する研究 その2 清渓川復元による聴覚的評価分析」, 日本建築学会大会学術講演梗概集E-2 建築計画 I , pp.1231~1232, 2009年 8月
12. 朴賛弼,「風水思想からみた景福宮の空間構成」,『綜芸文化』 第9号, pp.23~30, 2005年 12月
13. 朴賛弼,「漢陽・ソウル漢江水辺における都市基盤形成に関する研究 その1 近代以前の麻浦・龍山・西氷庫を中心としたナルの存在と機能について」,『民俗建築』 第130号, 日本民俗建築学会, pp.5~14, 2006年 11月

14. 朴賛弼,「特集韓国紀行ソウルの奇跡, 清渓川復活を検証する-その意義と今後の課題-」,「韓国の水辺都市にみる風水のコスモロジー」, 水の文化情報誌 FRONT10月号, pp.14~21, 2006年 10月
15. 朴賛弼,「韓国・清渓川の復元-川を覆う高速道路を撤去し, 風水都市の気を取り戻す-」,『ひたち』2008vol. 70, No.2spring, 日立評論社, pp.21~23, 2008年 4月

인용사진 리스트

- 「서울의 꿈과 희망」, 서울특별시, 청계천복원추진본부, 2003년 10월
  p.66 p.68왼쪽 p.81아래 p.89 p.90 p.114 p.115
- 「Cheonggyecheon Restoration」, Seoul metropolitan Government Cheonggyecheon Restoration project Headquarters Cheonggyecheon Restoration Citizen Committee,October 2003
  p.59 p.69 p.76 p.214
- 「BACK TO A FUTURE SEOUL」, Cheong GyeCheon Restoration Project Seoul Metropolitan Government 2005
  p.67 p.77
- 「청계천의 역사와 문화」, 서울특별시, 2002년 12월
  p.38 p.42 p.43 p.45왼쪽 p.57
- 「서울20세기 100년의 사진기록」, 서울시정개발연구원, 서울학연구소, 서울시립대학
  p.47위 p.51 p.120왼쪽 p.212
- 「다시열린개천」, 서울역사박물관 2003년 12월
  p.54 p.55 p.56 p.98
- 「난지도 그 향기를 되찾자」, 서울특별시 월드컵공원관리사업소, 2006년 1월
  p.220아래 p.222
- 「자연형 경관하천으로 생태복원」, 제주시
  p.217위
- 「서울 · 도시와 건축」, 서울특별시, 2000년 12월
  p.71
- 「사진으로 보는 서울1 개항이후 서울의 근대화와 그시련(1876~1910)」, 서울특별시사편찬위원회, 2002년 2월
  p.29
- 「사진으로 보는 서울2 일제침략 아래서의 서울(1910~1945)」, 서울특별시사편찬위원회, 2002년 2월
  p.35 p.48
- 「사진으로 보는 서울3 대한민국수도 서울의 출발(1945~1961)」, 서울특별시사편찬위원회, 2004년 2월
  p.44 p.46 p.50 p.235위
- 「사진으로 보는 서울4 다시 일어나는 서울(1961~1970)」, 서울특별시사편찬위원회, 2005년 12월
  p.49 p.220위 p.221
- 서울대학교 규장각
  p.22 p.26 p.27 p.36오른쪽
- 영남대학교 박물관
  p.37
- 국가기록원
  p.31 p.39 p.58 p.61 p.73 p.74

다시 태어난 **청계천**

인쇄_ 2012년 3월 15일
발행_ 2012년 3월 20일

저자_ 박 찬 필
발행인_ 강 해 작
발행처_ 기문당
편집제작_ 기문당技文堂
남풍사南風舍(일본 도쿄)
주소_ 서울시 성동구 무학봉 28길 4-1
(왕십리동 966-22)
전화_ 02) 2295-6171(代)~5
팩스_ 02) 2296-8188
출판등록_ 1976. 10. 7(1-44)
홈페이지_ http://기문당
http://www.kimoondang.com
ISBN 978-89-6225-373-3 93540

정가 22,000원